新 质 驱 动 · 产 教 融 合

中望高等职业教育技能进阶系列教材

机械产品三维造型设计教程
（微课版）

肖 珑 主 编

武 同 黄金磊 田多林 副主编

电子工业出版社

Publishing House of Electronics Industry

北京·BEIJING

内 容 简 介

本书详细介绍了如何使用中望3D 2024软件设计机械产品三维造型，并提供了微课视频。本书共有12个项目，包括中望3D 2024基础入门、绘制草图、草图编辑、实体造型基础、实体造型、工程特征与特征编辑、空间曲线的创建、曲面造型、装配、装配编辑和动画、工程图绘制和工程图标注。同时，每个重要知识点均配有实例讲解，可以提高读者的动手能力，使其加深对知识点的理解。

本书按照机械产品三维造型设计相关内容进行谋篇布局，通俗易懂、操作步骤详细、图文并茂，适合高职高专院校师生、从事相关职业的工作人员使用，也可作为机械产品三维造型设计爱好者的参考用书。

图书在版编目（CIP）数据

机械产品三维造型设计教程：微课版 / 肖珑主编.

北京 ：电子工业出版社, 2024. 12. -- ISBN 978-7-121-48220-5

Ⅰ．TH122

中国国家版本馆 CIP 数据核字第 20243MV187 号

责任编辑：李书乐

印　　刷：三河市龙林印务有限公司

装　　订：三河市龙林印务有限公司

出版发行：电子工业出版社

　　　　　北京市海淀区万寿路 173 信箱　　邮编：100036

开　　本：787×1092　 1/16　印张：18.25　 字数：465.6 千字

版　　次：2024 年 12 月第 1 版

印　　次：2024 年 12 月第 1 次印刷

定　　价：59.00 元

凡所购买电子工业出版社图书有缺损问题，请向购买书店调换。若书店售缺，请与本社发行部联系，联系及邮购电话：（010）88254888，88258888。

质量投诉请发邮件至 zlts@phei.com.cn，盗版侵权举报请发邮件至 dbqq@phei.com.cn。

本书咨询联系方式：（010）88254571，lishl@phei.com.cn。

前　　言

党的二十大报告提出要实施科教兴国战略，强化现代化建设人才支撑。为了响应党中央的号召，我们在进行调研和论证的基础上，精心编写了本书。

中望 3D 2024 软件因其功能强大、易学易用和技术不断创新等特点，已成为市场上领先的、主流的国产三维计算机辅助设计解决方案。其应用涉及平面工程制图、三维造型、求逆运算、加工制造、工业标准交互传输、模拟加工过程、电缆布线和电子线路等领域。

本书以由浅入深、循序渐进的方式展开讲解，从基础的草图绘制到三维造型设计，以合理的结构和经典的范例对最基本和最实用的功能进行了详细的介绍，具有极高的实用价值。通过对本书的学习，读者不仅可以掌握中望 3D 2024 的基本知识和操作技巧，而且可以掌握一些机械产品三维造型的设计方法。此外，本作图软件中的字母均显示为正体，在此做以说明。

本书具有以下特点。

（1）由浅入深，循序渐进。

本书首先介绍草图和实体造型绘制方法，然后介绍曲面造型相关知识，最后介绍装配和工程图相关知识。

（2）案例丰富，简单易懂。

本书从帮助读者快速掌握机械产品三维造型设计相关知识的角度出发，结合实际应用给出详尽的操作步骤与技巧提示，力求将最常见的方法与技巧全面细致地介绍给读者。

（3）技能与思政教育紧密结合。

在讲解机械产品三维造型设计相关知识的同时，紧密结合主旋律，从专业知识角度触类旁通地引导学生相关思政品质提升。

本书内容全面、讲解细致、图文并茂，融入了编者的实际操作心得，且提供了极为丰富的配套学习资源，读者可扫描下面二维码获取。

配套资源

VR 资源

二维、微课视频

本书为校企合作共建示范教材，由河南职业技术学院的肖珑教授任主编，河南职业技术学院的武同副教授、黄金磊副教授及新疆农业职业技术学院的田多林副教授任副主编，田多林编写了项目一到项目四的内容，黄金磊编写了项目五到项目八的内容，武同编写了项目九到项目十二的内容，肖珑对全书进行了审核。河北智略科技有限公司也参与了本书的编写，广州中望龙腾软件股份有限公司为本书的编写提供了技术支持，在此对他们的付出表示真诚的感谢。

　　限于编者水平，书中难免存在疏漏之处，诚请读者批评指正。

编者

2024 年 4 月

目　　录

项目一　中望 3D 2024 基础入门

素质目标

➢ 通过学习中望 3D 2024，提高学习适应性和学习能力
➢ 加强数据组织和管理能力，提高协作和沟通效率

技能目标

➢ 中望 3D 2024 基础
➢ 中望 3D 2024 用户界面
➢ 文件管理
➢ 系统配置

项目导读

　　学习一个绘图软件，首先应了解该软件的功能及工作界面。本项目将介绍中望 3D 2024 的功能、下载及安装方法。熟悉中望 3D 2024 的工作环境，掌握文件管理的方法及系统设置的方法，为将来更好地运用中望 3D 2024 完成复杂的任务打下坚实的基础。

任务 1　中望 3D 2024 用户界面

任务引入

　　小明已经对中望 3D 2024 有了一个初步的认识。那么，中望 3D 2024 的工作界面是什么样子呢？在其中又该如何进行操作呢？

知识准备

　　中望 3D 2024 安装完成后，双击桌面上生成的快捷方式，即可启动中望 3D 2024。

一、角色设置

第一次启动中望 3D 2024 时，会提示选择用户角色，如图1-1所示。如果选择"专家"角色，中望 3D 2024 中所有的命令和模块将会被加载并在界面上显示。然而，如果想从最基本的功能开始，建议选择"初级"角色，这样能够确保在开始学习的过程中接触到的命令都是中望 3D 2024 中最主要的功能和命令。当然，也可以随时在如图1-2所示的"角色管理"管理器中切换角色。

图1-1　选择用户角色

图1-2　"角色管理"管理器

二、用户界面介绍

启动中望 3D 2024，单击"快速访问工具栏"中的"新建"按钮，弹出"新建文件"对话框，"类型"列表中包括"零件""装配""工程图""2D 草图""加工方案"5 种类型，选择其中一种即可进入相应的界面。此处类型选择"零件"，子类选择"标准"，单击"确认"按钮，进入零件界面，下面以零件界面为例来介绍一下中望 3D 2024 图形用户界面。

中望 3D 2024 图形用户界面（Graphical User Interface，GUI）旨在最大限度地扩大建模区域，同时使用户可以方便地访问菜单栏、工具栏、管理器等，如图1-3所示。用户可以定制菜

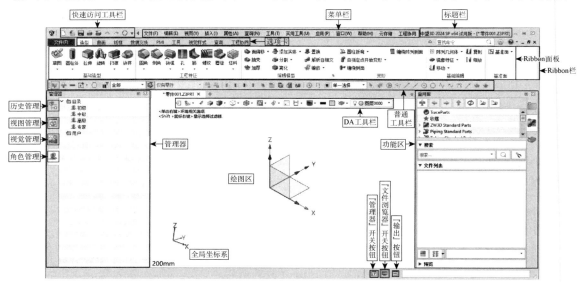

图1-3　中望 3D 2024 图形用户界面

单栏、工具栏、选项卡和 Ribbon 面板，并对其显示效果进行设置。全局坐标系显示在图形窗口的左下角，表示激活零件或组件的当前方向。

1. 界面样式设置

中望 3D 2024 默认的界面样式为"ZW-FlatSilver"，若想对界面样式进行设置，可在 Ribbon 栏（收藏了命令按钮和图标的面板）空白位置右击，在弹出的快捷菜单中选择"样式"，弹出样式下拉列表，如图1-4 所示。可在下拉列表中选择需要的样式。

2. 快速访问工具栏

用户可以自定义快速访问工具栏中显示的工具，单击快速访问工具栏中的"自定义快速访问工具栏"按钮 ，展开下拉列表，单击某一个命令名，会在其名称前面显示 ，再次单击该命令，则快速访问工具栏上不显示该命令，如图1-5 所示。

图1-4　样式下拉列表

图1-5　自定义快速访问工具栏

同其他标准的 Windows 程序一样，快速访问工具栏中的工具按钮可用来对文件执行最基本的操作，如"新建""打开""保存""打印/绘图"等。

3. 工具栏

工具栏分两种，普通工具栏和DA 工具栏。

1）普通工具栏

普通工具栏可以浮动或停靠在主窗口四周，多个工具栏可以并排停靠。普通工具栏默认为浮动状态，拖动普通工具栏可以直接改变其浮动或停靠状态。

在菜单栏和选项卡空白处右击，在弹出的快捷菜单中选择"工具栏"，系统打开工具栏列表，如图1-6 所示。单击某一个工具栏名，会在其名称前面显示 ，可自动在工作界面打开该工具栏，再次单击该工具栏，则将其关闭。

在工具栏中有些按钮的右侧有一个下拉按钮 ，单击该按钮会打开相应的下拉工具栏，如图1-7 所示。

对于工具栏中的单个按钮，可将其隐藏或添加到快速访问工具栏中。下面以隐藏按钮为例进行介绍，在如图1-8 所示的"基准"工具栏中的"基准面"按钮 上右击，在弹出的快捷菜单中选择"隐藏"命令，则"基准面"按钮 被隐藏，如图1-9 所示。

若要隐藏单个按钮，也可在工具栏的空白处右击，在弹出的快捷菜单中选择"条目"命令，在下拉菜单中单击"基准面"命令，去掉前面的 即可，如图1-10 所示。若要显示该按钮，再次选择该命令即可。

工具栏中的命令按钮不支持大小图标混排，在工具栏的空白处右击，在弹出的快捷菜单中选择"大图标"命令，可更改按钮大小，如图1-11 所示。选择"大图标"命令后，所有工具栏上的图标均变为大图标，如图1-12 所示。若要显示小图标，再次选择"大图标"命令即可。

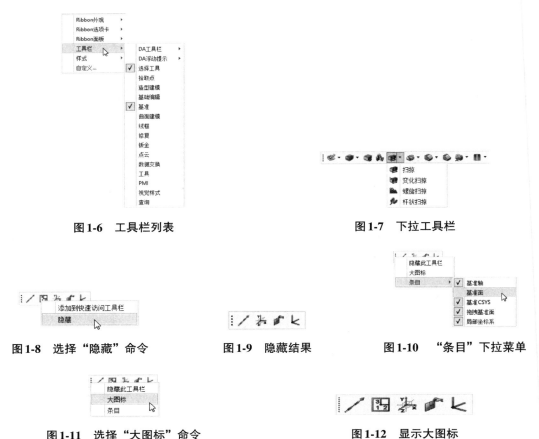

图1-6　工具栏列表　　　　　　　　　　　　图1-7　下拉工具栏

图1-8　选择"隐藏"命令　　　图1-9　隐藏结果　　　图1-10　"条目"下拉菜单

图1-11　选择"大图标"命令　　　　　　　图1-12　显示大图标

注意： 工具栏中的"选择工具"始终处于打开状态，而其他工具则根据用户需要选择是否打开。

2）DA 工具栏

DA 工具栏主要放置一些与绘图操作相关的最常用命令按钮，固定显示在绘图区上方，不可改变其位置。在中望 3D 2024 中，大多数设置和操作可以通过 DA 工具栏去实现。图1-13 所示为零件界面 DA 工具栏；图1-14 所示为草图环境 DA 工具栏。

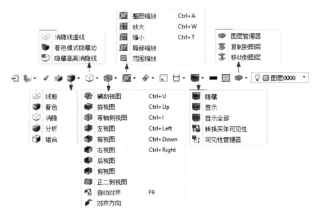

图1-13　零件界面 DA 工具栏

图1-14　草图环境 DA 工具栏

　　若要改变 DA 工具栏的放置位置，可在菜单栏和选项卡空白处右击，在弹出的快捷菜单中选择"工具栏"→"DA 工具栏"→"顶\底"即可，如图1-15 所示。

　　若要改变 DA 工具栏按钮的大小，选择"工具栏"→"DA 工具栏"→"大图标"即可。

　　在 DA 工具栏放置位置处有一个浮动提示，如图1-16 所示。若要显示/隐藏该浮动提示，通过选择"工具栏"→"DA 浮动提示"→"显示/隐藏"即可，如图1-17 所示。

图1-15　更改 DA 工具栏位置　　　　　　　　　　**图1-16　浮动提示**

图1-17　显示/隐藏浮动提示

4. 选项卡

　　选项卡可以将工具栏按钮集中起来使用，从而为图形区域节省空间。在空白处右击，在弹出的快捷菜单中选择"Ribbon 选项卡"，打开选项卡列表。用户可以根据需要勾选相应的选项卡。

5. Ribbon 面板

在 Ribbon 栏空白处右击，在弹出的快捷菜单中选择"Ribbon 面板"，打开面板列表。不同的选项卡对应的面板不同。

对面板的操作，可通过在面板空白处右击，在弹出的快捷菜单中选择相应的命令来实现，如图1-18 所示。需要说明的是，这些操作仅对当前面板适用，仅改变当前面板上图标的状态。

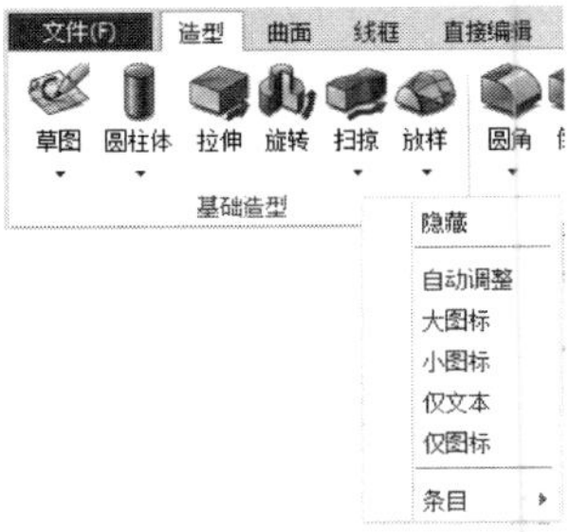

图1-18　面板快捷菜单

6. UI 自定义

选择菜单栏中的"工具"→"自定义"命令，或者在 Ribbon 栏空白处右击，在弹出的快捷菜单中选择"自定义"命令，如图1-19 所示。弹出"自定义"对话框，如图1-20 所示。

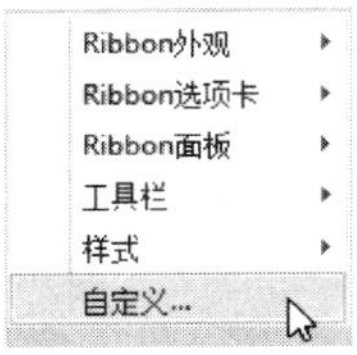

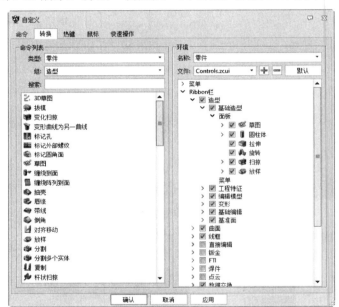

图1-19　选择"自定义"命令　　　　图1-20　"自定义"对话框

在该对话框中可对菜单、Ribbon 栏、工具栏、快速访问工具栏和DA 工具栏进行增加、删除、重命名或显示/隐藏等操作，还可对其中的命令进行增加、删除、显示/隐藏及调整次序等操作。

7. 管理器和功能区

1）管理器

界面左边是管理器区域，可以通过右下角"管理器"开关按钮 🔲 控制其显示/隐藏。在管理器中包含"历史管理""视图管理""视觉管理""角色管理"4 个管理器，用于控制零件、工程图或加工方案等方面的内容。

2）功能区

界面右边是功能区，可以通过右下角"文件浏览器"开关按钮 🔲 控制其显示/隐藏，包括"文件浏览器""重用库""图层管理器"。

（1）文件浏览器：其主要功能是列出根目录下的所有文件列表，列出选中文件夹下软件支持的所有格式的文件，快速搜索、过滤、定位文件，预览或打开目标文件。

（2）重用库：重用库为用户提供了中望 3D 2024 标准零件库，用户也可以自定义标准零件库或标准零件加入此面板，方便后续集中访问。

（3）图层管理器：通过图层管理器可以创建、编辑、删除、隐藏、激活和冻结图层，实体可以被分配到不同的图层，方便管理设计数据。

案例——自定义面板

本案例以"造型"选项卡"基础造型"面板为例介绍面板及其上图标的显示/隐藏及转换。

【操作步骤】

（1）隐藏面板。右击"造型"选项卡"基础造型"面板，在弹出的快捷菜单中选择"隐藏"命令，则该面板隐藏，如图1-21所示。

（2）显示面板。在 Ribbon 栏空白处右击，弹出快捷菜单，选择"Ribbon 面板"→"基础造型"，则该面板显示在"造型"选项卡下，如图1-22所示。

（3）更改图标。右击"造型"选项卡"基础造型"面板，在弹出的快捷菜单中选择"小图标"命令，如图1-23所示。将面板中的图标更改为小图标，如图1-24所示。

图1-21 选择命令

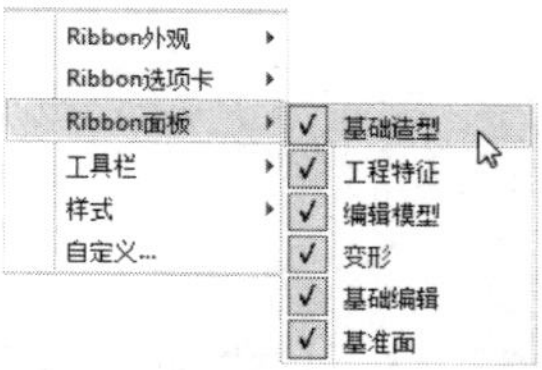

图1-22 勾选"基础造型"

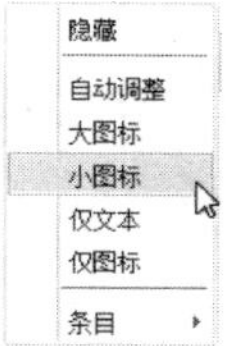

图1-23 选择"小图标"命令

（4）添加命令到快速访问工具栏。右击"造型"选项卡"基础造型"面板中的"拉伸"按钮，在弹出的快捷菜单中选择"添加到快速访问工具栏"命令，如图1-25所示。此时，"拉伸"命令出现在快速访问工具栏中，如图1-26所示。

图1-24 更改图标结果

图1-25 选择"添加到快速访问工具栏"命令

图1-26 添加到快速访问工具栏命令

（5）隐藏按钮。右击"造型"选项卡"基础造型"面板中的"拉伸"按钮，在弹出的快捷菜单中选择"隐藏"命令，如图 1-27 所示，"基础造型"面板中的"拉伸"按钮被隐藏，如图 1-28 所示。

（6）显示按钮。在"造型"选项卡"基础造型"面板空白处右击，在弹出的快捷菜单中勾选"条目"→"拉伸"复选框，如图 1-29 所示。此时在"基础造型"面板中显示"拉伸"按钮，如图 1-30 所示。

图1-27 选择"隐藏"命令

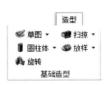

图1-28 隐藏按钮

图1-29 勾选"拉伸"复选框

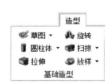

图1-30 显示按钮

任务2 文件管理

任务引入

小明已经对中望 3D 2024 的工作界面有了初步的了解。那么，怎样对中望 3D 2024 文档进行管理呢？

知识准备

文件管理包括新建文件、打开已有文件、保存文件、删除文件等，这些都是中望 3D 2024 最基础的操作知识。这些命令集中放置在"文件"菜单、快速访问工具栏和"快速入门"选项卡中，如图 1-31 所示。

本节将介绍有关文件管理的一些基本操作方法和不同格式类型文件的输入和输出。

(a)"文件"菜单　　(b)快速访问工具栏　　　　　(c)"快速入门"选项卡

图1-31　文件管理命令放置位置

一、文件管理设置

目前中望 3D 2024 有两种文件管理类型，一种类型是多对象文件，相较其他三维设计软件，多对象文件是中望 3D 2024 特有的一种文件管理方式，可以同时把零件、装配、工程图等放入一个单一的 Z3 文件中进行管理。

另一种类型是单对象文件，即零件、装配、工程图等都被保存成单独的文件。这是一种常见的文件保存类型，也是其他三维设计软件采用的文件类型。

在中望 3D 2024 中，单对象文件类型不是默认的文件管理类型，需要在新建文件前，勾选"单文件单对象"复选框，才能使用该类型。单击"通用"选项卡，如图1-32 所示。

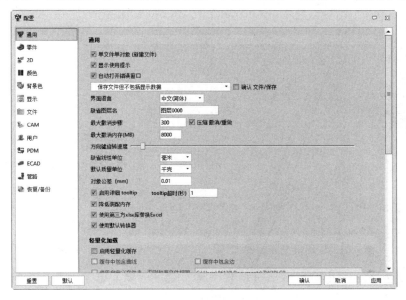

图1-32　"通用"选项卡

二、新建文件

单击"快速入门"选项卡"开始"面板中的"新建"按钮□，或选择"文件"菜单中的"新建"命令，弹出"新建文件"对话框，如图1-33所示。

若没有勾选"单文件单对象"复选框，则创建的是多对象文件，此时，选择"新建"命令，弹出的"新建文件"对话框如图1-34所示。在该对话框中零件和装配是同一个图标。

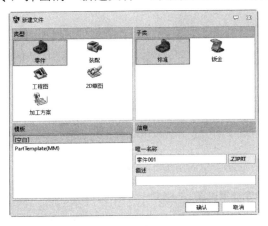

图1-33　单对象文件"新建文件"对话框　　　图1-34　多对象文件"新建文件"对话框

三、打开文件

单击"快速入门"选项卡"开始"面板中的"打开"按钮📂，或者选择"文件"菜单中的"打开"命令，弹出"打开"对话框，如图1-35所示。在"文件类型"列表框中列出了中望3D 2024支持的文件类型，如图1-36所示。

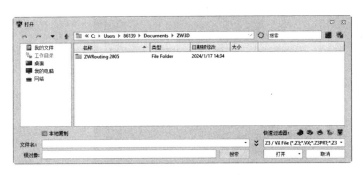

图1-35　"打开"对话框　　　图1-36　中望3D 2024支持的文件类型

在"快速过滤器"系列列表中可选择"零件🐢""装配🐢""工程图🐢""加工方案🐢""Z3"进行过滤，以便快速选择需要的文件。

四、保存文件

单击"快速入门"选项卡"开始"面板中的"保存"按钮■，或者选择"文件"菜单中的"保存/另存为"命令，弹出"保存为"对话框，如图1-37所示，输入文件名称进行保存。可用于保存的文件类型如图 1-38 所示。允许指定非中望 3D 2024 文件类型的扩展名（如.igs、.stp、.vda、.dwg 等），以便能将该中望 3D 2024 文件输出为其他格式。保存为非中望 3D 2024 文件类型时，使用输出设置仅保存激活的目标对象。如果一个中望 3D 2024 对象没有激活，会显示错误信息。

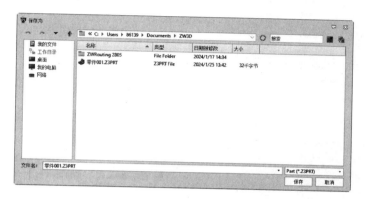

图1-37　"保存为"对话框

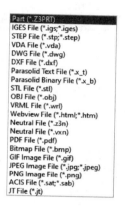

图1-38　可用于保存的文件类型

五、设置工作目录

使用此命令，在目录浏览器中选取一个目录设置为当前中望 3D 2024 的工作目录，同时启用该工作目录，即打开文件、保存文件、保存所有文件和文件另存为都将使用此路径作为默认路径。

选择"实用工具"菜单中的"工作目录"命令，或者单击"快速入门"选项卡"实用工具"面板中的"工作目录"按钮■，弹出"选择目录"对话框，如图1-39所示。设置好工作目录后，单击"选择目录"按钮即可。

图1-39　"选择目录"对话框

六、输入/输出文件

中望 3D 2024 提供了图形输入与输出接口，不仅可以将其他程序中的文件导入中望 3D 2024 中，也可以将中望 3D 2024 中的文件导入其他程序中。

1. 输入文件

选择"文件"菜单中的"输入"命令，或单击"数据交换"选项卡"输入"面板中的"输入"按钮，弹出"选择文件输入"对话框，如图1-40所示。中望 3D 2024 可通过采用不同行业标准的中间和本地格式来输入文件和输出对象。

图1-40 "选择文件输入"对话框

选择一个非中望 3D 2024 文件，此处选择"wanguan.SLDPRT"文件（SolidWorks 文件），单击"输入"按钮，弹出"SolidWorks 文件输入"对话框，在输入 Catia、NX、Rhino、Inventor、ProE、SolidWorks、ACIS、SolidEdge 和 JT 文件时，均可使用该对话框进行各种设置，最后单击"确定"按钮，即可输入文件。

2. 输出文件

使用该命令来输出中望 3D 2024 对象（如零件、草图、工程图）到其他程序的标准格式，如.iges、.step、.dwg、.html、.vrml 等。

首先打开一个已经绘制好的文件，单击"数据交换"选项卡"输出"面板中的"输出"按钮，弹出"输出"对话框，如图1-41所示。输入文件名称，选择文件类型，单击"输出"按钮即可完成输出。

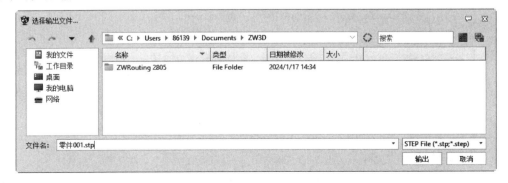

图1-41 "输出"对话框

案例——弯管文件格式转换

本案例首先将 SolidWorks 文件转换为中望 3D 2024 文件，再将转换后的文件输出为.stl 文件。

【操作步骤】

（1）输入文件。选择"文件"菜单栏中的"输入"→"快速输入"命令，弹出"快速输入所选文件"对话框，选择"wanguan.SLDPRT"文件，单击"打开"按钮，弹出"转换器进程"对话框，如图1-42所示。弯管文件格式转换完成，如图1-43所示。

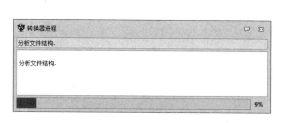

图1-42　"转换器进程"对话框

图1-43　弯管

（2）保存文件。单击快速访问工具栏中的"保存"按钮■，弹出"保存为"对话框，输入文件名称"wanguan"，保存类型为.Z3PRT，如图1-44所示。单击"保存"按钮，文件保存完成。

图1-44　"保存为"对话框

（3）输出文件。选择"文件"菜单栏中的"输出"→"输出"命令，弹出"选择输出文件"对话框，选择输出文件类型为.stl文件，如图1-45所示。单击"输出"按钮，弹出"STL文件生成"对话框，如图1-46所示。采用默认设置，单击"确定"按钮，弯管文件格式转换完成。

图1-45　"选择输出文件"对话框

图1-46　"STL文件生成"对话框

项 目 实 战

实战一　设置工作目录

实战一的内容为设置工作目录。

【操作步骤】

（1）选择"实用工具"菜单中的"工作目录"命令，或者单击"快速入门"选项卡"实用工具"面板中的"工作目录"按钮，系统弹出"选择目录"对话框；

（2）设置常用的文件的保存路径；

（3）单击"选择目录"即可。

实战二　隐藏草图

实战二的内容为隐藏如图1-47所示方向盘的草图。

【操作步骤】

（1）单击"DA工具栏"中的"隐藏"按钮，弹出"隐藏"对话框，如图1-48所示；

（2）在"选择"工具栏中的"过滤器列表"中选择"草图"命令，如图1-49所示；

（3）在绘图区框选所有草图，然后单击"确定"按钮。隐藏草图后的效果如图1-50所示。

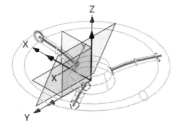

图1-47　方向盘的草图

图1-48　"隐藏"对话框

图1-49 过滤器列表

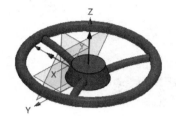

图1-50 隐藏草图

项目二　绘制草图

任务 1　新建/退出草图

当新建零件文件时，首先生成草图。草图是三维（Three-Dimensional，3D）模型的基础。可在任何默认基准面（前视基准面、上视基准面、右视基准面）或生成的基准面上生成草图。本节主要介绍如何新建草图和退出草图绘制状态。

一、新建草图

一般情况下，草图是在零件建模过程中被创建的。因此，当创建一个新的零件并进入建模环境时，可通过以下4种途径创建草图。

（1）菜单栏：选择菜单栏中的"插入"→"草图"命令，如图2-1所示。

（2）工具栏：单击"造型建模"工具栏中的"草图"按钮，如图2-2所示。

（3）选项卡：单击"造型"选项卡"基础造型"面板中的"草图"按钮，如图2-3所示。

（4）快捷菜单：在绘图区空白处右击，在弹出的快捷菜单中选择"草图"命令，如图2-4所示。

图2-1　通过菜单栏创建草图

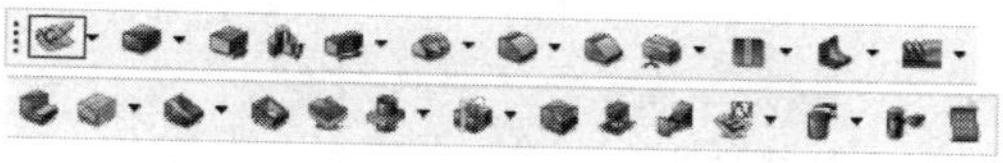

图2-2　通过工具栏创建草图

图2-3　通过选项卡创建草图

图2-4　通过快捷菜单创建草图

执行上述命令后，弹出"草图"对话框，选择要进行草图绘制的基准面，单击"确定"按钮，即可进入草图绘制状态。

二、退出草图绘制状态

草图绘制完毕后，可立即创建特征，也可退出草图绘制状态后再创建特征。有些特征的创建，需要多个草图，因此需要了解退出草图绘制状态的方法，具体操作方法有以下2种。

（1）单击"草图"选项卡"退出"面板中的"退出"按钮，退出草图绘制状态。

（2）在空白处右击，在弹出的快捷菜单中选择"退出"命令，退出草图绘制状态。

若不想保留绘制的草图，单击"草图"选项卡"退出"面板中的"取消"按钮即可。

三、重定位草图绘制平面

重定位是指在草图绘制状态下进行草图平面和参考方向的重定义。

当更改草图绘制平面时，需要进行重定位。在中望 3D 2024 中，有两种方式进行重定位。

方式一：双击需要编辑修改的草图进入草图内部，或选中草图右击，在弹出的快捷菜单中选择"编辑草图"命令进入草图内部，然后单击"草图"选项卡"设置"面板中的"重定位"按钮🔩。

方法二：在建模环境中，右击"历史管理"管理器中的草图，在弹出的快捷菜单中选择"重定位"命令，如图 2-5 所示。

执行上述命令后弹出"重定位"对话框，如图 2-6 所示。对话框中各项的含义如下所述。

（1）平面：选择重定位的参考平面。

（2）向上：选择参考平面的方向，即基准轴。

（3）原点：选取一点作为重定位后的原点。

（4）反转水平方向：勾选该复选框，选取参考平面方向的反方向。

（5）使用定义的平面形心：勾选该复选框，选取使用定义的平面形心作为重定位的原点。

（6）当前视图方向：勾选该复选框，可预览重定位后的位置效果。

图 2-5　选择"重定位"命令

图 2-6　"重定位"对话框

任务 2　草图的绘制工具

任务引入

小明在学习了新建草图和退出草图绘制状态后，就要开始进行图形的绘制，那么他有哪些草图的绘制工具可以使用呢？

知识准备

绘制草图前须认识相关工具。草图绘制命令的调用方法有以下 3 种：一是通过菜单栏调用，选择菜单栏中的"插入"→"几何体",如图2-7所示;二是通过"草图"工具栏调用,如图2-8所示;三是通过"草图"选项卡中的"绘图"面板和"曲线"面板调用,如图2-9所示。

图2-7　"插入"菜单

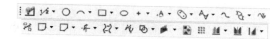

图2-8　"草图"工具栏

图2-9　"绘图"面板和"曲线"面板

一、绘图

可使用"绘图"命令创建连续闭合或开放的曲线,无须在各命令间切换。单击"草图"选项卡"绘图"面板中的"绘图"按钮▧,绘制连续曲线,默认状态为连接状态▢。当绘制直线时,在直线旁边会出现连接符号▢,如图2-10所示。拖动鼠标指针至上条直线的终点处,此时出现一个圆形符号,将鼠标指针停留在圆圈中并单击,此时,绘图模式即被切换到圆弧模式,显示的状态为相切状态▢,如图2-11所示。若要再次切换为直线模式,则可再次单击圆圈。

另一种切换方式是按住<Alt>键切换到相切状态▢,此时可绘制圆弧,松开则继续绘制直线。

通过绘图可以绘制出圆弧、圆和曲线,如图2-12所示。

图2-10　绘制直线　　　　　　　　　图2-11　模式切换

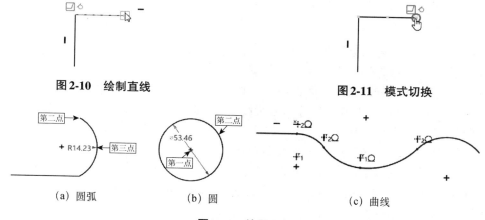

(a) 圆弧　　　　　　　(b) 圆　　　　　　　(c) 曲线

图2-12　绘图示例

二、点

点是几何图形的最基本图素。各种图形的定位基准往往是各种类型的点，如直线的端点、圆或弧的圆心等。点具有各种属性，同样也可以编辑它的属性。

1. 设置点样式

在创建点之前，可单击"工具"选项卡"属性"面板中的"点"按钮 ，或者在绘制点后，右击此点，然后在弹出的快捷菜单中选择"属性"命令，弹出"点属性"对话框，如图 2-13 所示。在"样式"下拉列表中选择合适的点样式即可进行修改。

2. 绘制点

使用"绘制点"命令可绘制一个或多个点。

单击"草图"选项卡"绘图"面板中的"点"按钮 ，弹出"点"对话框，如图 2-14 所示。单击右侧的"点输入选项"按钮 ，或右击，打开"点输入选项"菜单，选择要绘制的点的位置，如图 2-15 所示。

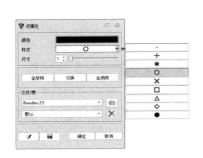

图 2-13　"点属性"对话框　　　　图 2-14　"点"对话框　　　　图 2-15　"点输入选项"菜单

三、线

中望 3D 2024 提供了 4 种绘制线的方法，下面分别对其进行介绍。

1. 直线

使用"直线"命令可以采用不同的方法绘制直线，如两点、平行点、平行偏移等。

下面重点介绍"平行偏移"绘线方式和参数设置。

单击"草图"选项卡"绘图"面板中的"直线"按钮 ，弹出"直线"对话框，如图 2-16 所示。单击"平行偏移"按钮 ，创建与参考线平行，并与之相距特定距离的直线，如图 2-17 所示，图中各项的含义如下所述。

（1）参考线：选择一条直线作为平行参考。

（2）偏移：输入偏移量。偏移量的正负决定偏移方向；还可选择一个点确定偏移位置。

（3）长度：此选项用于指定直线的精确长度，可与锁定长度选项结合使用，当长度被锁定后，不可通过鼠标指针拖动直线。

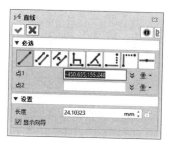

图 2-16　"直线"对话框

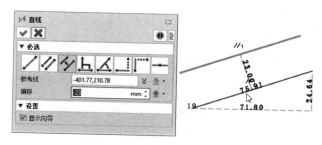

图 2-17　"平行偏移"方式创建直线

（4）显示向导：勾选该复选框，显示虚线的导引直线，帮助直线定位定向。

其余绘线方式比较简单，读者可自行理解。

2．多段线

使用"多段线"命令，可以创建端与端相连的多条线段。

单击"草图"选项卡"绘图"面板中的"多段线"按钮 ⟁，指定线段起点，然后依次指定各个终点，绘制多段线，绘制好的多段线如图2-18所示。

3．双线

使用"双线"命令可以创建一个由双线组成的多段线。

单击"草图"选项卡"绘图"面板中的"双线"按钮 ⟁，弹出"双线"对话框，如图2-19所示。

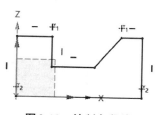

图 2-18　绘制多段线

图 2-19　"双线"对话框

"双线"对话框中各项的含义如下所述。

（1）点：选择双线各段的端点。

（2）左（右）宽：指定双线一侧（另一侧）边到虚拟中心线的距离，左宽和右宽可设置不同的值。

（3）在转角插入圆弧：勾选该复选框，在各线外侧转角绘制一个圆弧，圆弧半径由左宽和右宽值确定，如图2-20所示。

（4）闭合双线：勾选该复选框，则创建的双线为闭合多段线，如图2-21所示。

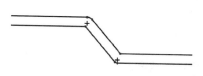

图 2-20　绘制转角圆弧

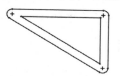

图 2-21　闭合双线

4. 轴

使用"轴"命令，可以用不同方法创建一条内（外）部构造线。该命令的使用方法与直线命令基本相同，这里不再过多介绍。

四、圆

圆也是几何图形的基本图素之一，掌握绘制圆的方法对快速完成几何图形的绘制有关键性作用。

单击"草图"选项卡"绘图"面板中的"圆"按钮 ○，弹出"圆"对话框，如图 2-22 所示。该对话框中有边界法、半径法、通过点法、两点半径法、两点法和三切线法 6 种绘制圆的方法，如图 2-23 所示为 6 种方法的示例。

图 2-22　"圆"对话框

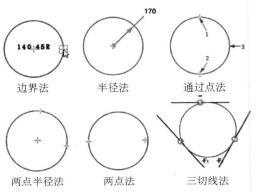

图 2-23　绘制圆的方法

五、圆弧

在草图中使用"圆弧"命令，可创建全圆弧、半径圆弧、中心圆弧和角圆弧。

单击"草图"选项卡"绘图"面板中的"圆弧"按钮 ⌒，弹出"圆弧"对话框，如图 2-24 所示。创建圆弧的方法有通过点法、半径法、圆心法和角度法，下面分别对其进行介绍。

图 2-24　"圆弧"对话框

（1）通过点法：通过定义起点、终点与圆弧穿过的第三点来创建一个圆弧。可拖动通过点，创建顺时针（CW）或逆时针（CCW）方向的圆弧。

（2）半径法：通过定义两个端点与半径来创建圆弧。从起点逆时针方向（CCW）创建圆弧。

（3）圆心法：通过定义圆心、起点与终点来创建圆弧。

（4）角度法：通过定义圆心，设置半径、起始角度与弧角来创建圆弧。

若勾选"G2（曲率连续）圆弧"复选框，则创建的圆弧为非均匀有理样条（NURBS）曲线。

六、椭圆

使用"椭圆"命令，可通过定义点来创建不同类型的椭圆。

单击"草图"选项卡"绘图"面板中的"椭圆"按钮 ○，弹出"椭圆"对话框，如

图2-25 所示。该对话框中绘制椭圆的方法有中心法、角点法、中心-角度法、角点-角度法和半径法。这 5 种方法可以灵活地创建带点椭圆。

（1）中心法：可以通过指定中心和外接矩形的一个角来创建椭圆。

（2）角点法：可以指定矩形的对角线点来绘制椭圆。

（3）中心-角度法：基于中心的方法，它需要设置椭圆的旋转角度。

（4）角点-角度法：基于角点的方法，它需要设置椭圆的旋转角度。

（5）半径法：可以通过指定特定的椭圆长轴的两端点和短半轴来创建一个椭圆。

在"标注"组中可设置椭圆的宽度和高度，即椭圆的轴和短轴长度。还可设置椭圆的起始角度和结束角度，起始角度和结束角度还能通过拖动绘图区的角度标控进行调整。

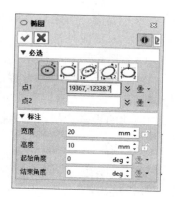

图2-25　"椭圆"对话框

七、矩形

使用"矩形"命令可以创建不同类型的二维矩形。

单击"草图"选项卡"绘图"面板中的"矩形"按钮□，弹出"矩形"对话框，如图2-26 所示。该对话框中绘制矩形的方法有中心法、角点法、中心-角度法、角点-角度法和平行四边形法 5 种。

（1）中心法：通过定义中心点和一个对角点，来创建一个水平或垂直矩形。

（2）角点法：通过定义两个对角点，来创建一个水平或垂直矩形。

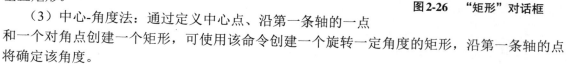

图2-26　"矩形"对话框

（3）中心-角度法：通过定义中心点、沿第一条轴的一点和一个对角点创建一个矩形，可使用该命令创建一个旋转一定角度的矩形，沿第一条轴的点将确定该角度。

（4）角点-角度法：通过定义三个对角点创建一个矩形。可使用该命令创建一个旋转一定角度的矩形，第二个对角点确定角度，第三个对角点确定高度。

（5）平行四边形法：通过定义三个对角点创建一个矩形。可使用该命令创建一个旋转一定角度的矩形，第二个对角点确定角度，第三个对角点确定高度。

八、正多边形

使用"正多边形"命令，可在草图或工程图上创建二维正多边形。

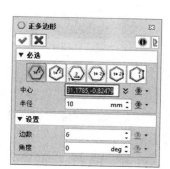

图2-27　"正多边形"对话框

单击"草图"选项卡"绘图"面板中的"正多边形"按钮◇，弹出"正多边形"对话框，如图2-27 所示。该对话框内可创建内接或外接半径、边长、内接或外接边界和边长边界的正多边形。

（1）内接或外接半径：创建一个指定边数和半径的内接或外接正多边形。

（2）边长：创建一个指定边数的正多边形。转角位于指定点，所有边为指定长度。

（3）内接或外接边界：创建一个指定边数和内接或外接半径点的正多边形。

（4）边长边界：指定一条边及边数创建一个正多边形。

在"设置"组中可设置边数和旋转角度参数，其中"旋转角度"还可以通过角度标控进行调整。

创建的正多边形，可以通过拖曳其中心重新定义位置和大小。

九、槽

使用"槽"命令，可通过选择两个点定义半径、直径或边界来创建一个二维槽。

单击"草图"选项卡"绘图"面板中的"槽"按钮，弹出"槽"对话框，如图2-28所示。该对话框提供了4种绘制的槽方法。

（1）直线法：通过选择两个中心点定义直线来创建一个槽，如图2-29（a）所示。

（2）中心直线法：通过选择第一点作为槽的中心点，第二点作为槽的圆心来创建一个槽，如图2-29（b）所示。

（3）穿过圆弧法：选择两个中心点定义圆弧，通过圆弧上的点来创建一个槽，如图2-29（c）所示。

（4）中心圆弧法：选择一个中心作为圆心，然后选择圆上的两个中心点来创建一个槽，如图2-29（d）所示。

图2-28　"槽"对话框

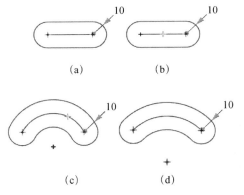

图2-29　4种绘制槽的方法

十、文字

中望3D 2024提供了3种创建文字的方法：预制文字、文字和气泡文字。下面分别进行介绍。

1. 预制文字

"预制文字"命令可创建沿水平方向或曲线的文字。可在平面或非平面上绘制文字，再利用拉伸命令创建一个下沉或上浮的特征。

单击"草图"选项卡"绘图"面板中的"预制文字"按钮，弹出"预制文字"对话框，该对话框用于编辑文字，并设置文字的字体、样式和大小，如图2-30所示。要编辑文字，只需双击文字即可进行修改。

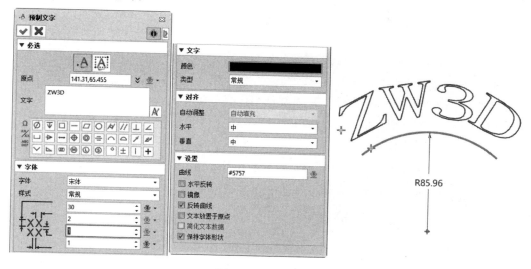

图2-30　预制文字

2. 文字

使用"文字"命令可以在草图中创建文字特征。

单击"草图"选项卡"绘图"面板中的"文字"按钮A，弹出"文字"对话框，可创建文字，如图2-31所示。

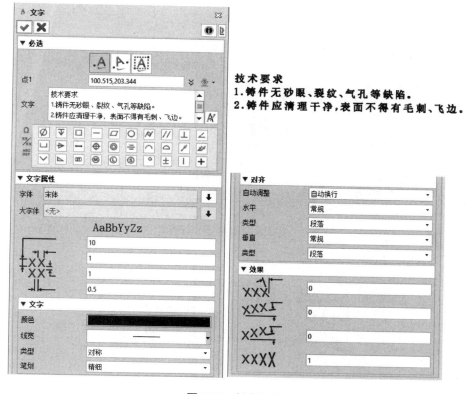

图2-31　创建文字

3. 气泡文字

使用此命令在所选的点上创建文本注释或图像气泡。

单击"草图"选项卡"绘图"面板中的"气泡文字"按钮 ⓐ，弹出"气泡文字"对话框，输入文字内容，创建文字，如图 2-32 所示。单击对话框中的"文字"按钮 ⓐ，在"文字"输入框中输入文字内容，设置文字的字体、颜色、高度和气泡格式后，在适当位置单击即可创建气泡文字。单击"图像"按钮 ⓑ，在"文件名"列表中单击，弹出"选择文件"对话框，选择需要的图片，设置图片的宽度和高度以及气泡格式后，在适当位置单击即可创建气泡图片，操作示例如图 2-33 所示。

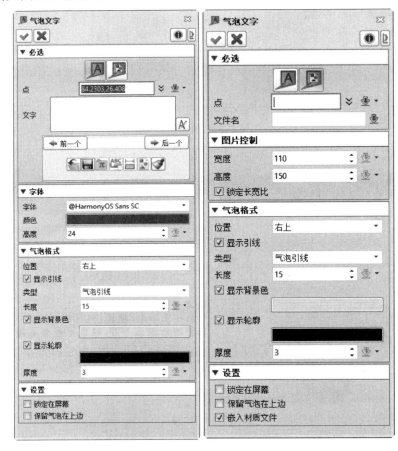

图 2-32　"气泡文字"对话框

图 2-33　操作示例

案例——绘制匾额文字

本案例在已经创建好的匾额上绘制文字，效果如图2-34所示。

【操作步骤】

（1）打开文件。打开"匾额"源文件。

（2）重新编辑草图。在"历史管理"管理器中右击"草图2"命令，在弹出的快捷菜单中单击"重定义"按钮，进入草图界面。

图2-34　绘制文字效果

（3）绘制文字。单击"草图"选项卡"绘图"面板中的"预制文字"按钮，弹出"预制文字"对话框，在输入框中输入文字"中望3D 2024"，"字体"为"微软雅黑"，"字高"为"17"，将"文字间的水平间距"设置为"1"，在"曲线"输入框中单击，如图2-35所示。然后在绘图区中选择图2-36所示的曲线，再单击对话框中"原点"后的输入框，选择放置位置，结果如图2-37所示。

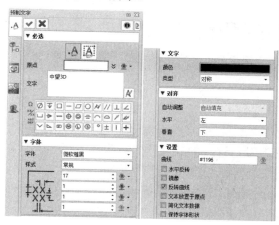

图2-35　设置文字参数

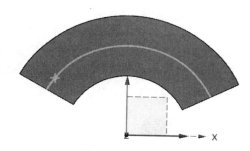

图2-36　选择曲线

（4）转换构造线。选中草图中的曲线，右击，在弹出的快捷菜单中单击"切换类型（构造型/实体型）"按钮，将其转换为构造线，再在右键菜单中选择"隐藏"命令，将其隐藏。

十一、预制草图

"预制草图"命令可从预定义的草图中选择，并在任何地方插入。

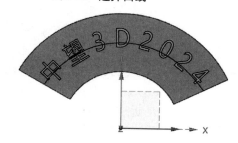

图2-37　绘制文字

单击"草图"选项卡"曲线"面板中的"自定义预制草图"按钮右侧的下拉按钮，弹出"预制草图"下拉列表，如图2-38所示。选中需要的预制草图，弹出相应的对话框、设置参数，指定插入点即可。预制草图几何是明确约束的，也就是说，可以编辑标注值来更改它们的大小。

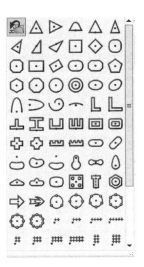

图 2-38　　"预制草图"下拉列表

任务3　约束和标注

任务引入

在绘制初步的草图后，小明可能需要为设计添加精确的尺寸。如果未使用尺寸约束工具，图形的尺寸可能会因为不小心的拖动或修改而改变，这会影响设计的精确性。那么小明怎样才能确保草图的各个部分保持预期的长度、角度和其他关键尺寸不变呢？

知识准备

理论上任何草图添加合理的形状和位置约束之后即可被视为确定的草图。然而，不管是形状还是位置，在三维软件中都可以通过几何关系和尺寸标注实现对草图的完整约束。

在中望 3D 2024 中，所有几何关系的约束都可以在"约束"面板中找到。通常，在草图绘制过程中所说的约束一般都是指几何关系的约束。

在中望 3D 2024 中，有两种方法可以添加几何约束。一种是先选择需要约束的几何元素，再在系统自动提供的当前可添加的约束类型中选择其中之一，实现这种方式的命令是自动约束；另一种是先选择需要添加的约束类型，再选择待约束的几何对象。

一、约束

"添加约束"命令可为激活的二维草图添加约束。

单击"草图"选项卡"约束"面板中的"添加约束"按钮，弹出"添加约束"对话框，如图 2-39 所示。软件会根据所选的实体显示可用的约束类型，然后选择所需的约束类

图 2-39　　"添加约束"对话框

型即可完成约束。

　　"约束"面板中提供了 19 种约束类型，下面介绍各种约束的用法。

　　（1）固定 ✛：在点或实体上创建固定约束，使该点或实体固定于当前的位置。

　　（2）点水平 ╫：在点上创建点水平约束，使该点相对于基点的 Y 值保持水平。

　　（3）点垂直 ╪：在点上创建点垂直约束，使该点相对于基点的 X 值保持垂直。

　　（4）中点 ⊢：将点约束在两个选定点之间的中点处。

　　（5）点到直线/曲线 ～：在点上创建点在直线/曲线上的约束。若选择直线，则点与基准线保持共线。

　　（6）点在交点上 ⚓：在点上创建点在交点上的约束，使其保持在两条基准曲线的相交处。基准曲线可以是弧、圆或曲线。

　　（7）点重合 ⌐：使用此约束将多个点重合。

　　（8）水平 **HORZ**：在直线上创建水平约束，使其保持水平。

　　（9）竖直 ‖：在直线上创建竖直约束，使其保持竖直。

　　（10）对称 ☰：在点上创建一个对称约束，使其相对一条基准直线对称。

　　（11）部分对称 ═：使用此命令可以进行部分对称，支持对象包括两个不等长直线、两个圆和圆弧的任意组合。

　　（12）垂直 ⊥：在曲线或直线上创建垂直约束，使其与基准线垂直。

　　（13）平行 //：在直线上创建平行约束，使其保持与基准直线的平行。

　　（14）共线 ⅄：在直线上创建与另一直线共线的约束，确保两条直线位于同一直线上。

　　（15）相切 ◠：在两条直线、弧、圆或曲线上创建相切约束，使其保持相切。

　　（16）等长 ‖=‖：在实体上创建一个等长约束，使其相对另一个实体保持等长。对于不同类型实体并没有相等约束。

　　（17）等半径 ◝：创建一个等半径约束，使圆/圆弧对另一个圆/圆弧保持等半径。

　　（18）等曲率 ≀≀：该约束支持曲线与曲线、曲线与圆弧、曲线与直线之间的曲率约束，约束后两线曲率相等。需要注意的是，被约束的线需要首尾相接。

　　（19）同心 ◎：在点上创建同心约束，使其保持与一基准弧或圆同心。基准弧或圆发生变化，受约束点将保持与其同心。

二、标注

1. 快速标注

　　使用"快速标注"命令，选择一个实体或选定标注点进行标注。根据选中的实体、点和命令选项可创建多种不同的标注类型。

　　单击"草图"选项卡"标注"面板中的"快速标注"按钮 ⚲，弹出"快速标注"对话框，如图 2-40 所示。

　　默认情况下，手动添加的尺寸都是驱动尺寸，同时，这些尺寸也被视为强尺寸，这意味着这些尺寸会驱动整个草图的更改。为了更容易约束整个草图，也可以单击快速访问/DA 工具栏中的"自动求解当前草图"按钮 ⟳ 右侧的下拉按钮，在弹出的下拉菜单中选择"自动添加弱标注"按钮 ⚲，在这种模式下，添加的尺寸为弱尺寸且显示为灰色，如图 2-41 所示。

图 2-40　"快速标注"对话框

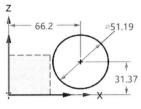

图 2-41　自动添加弱标注

对于一个草图而言，当几何形状和位置被合理约束后，这个草图即可被视为确定的草图，也被称为明确约束草图。在有些情况下，为了让草图更易懂，可添加一些额外的尺寸，这些尺寸称为参考尺寸，被放在括号中。参考尺寸的标注如图 2-42 所示。

在某些情况下，如果只需要显示目标草图，可以单击 DA 工具栏中的"打开/关闭标注"按钮和"打开/关闭约束"按钮，如图 2-43 所示。

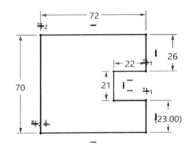

图 2-42　标注参考尺寸

图 2-43　"打开/关闭标注"和"打开/关闭约束"

2. 尺寸标注

1）线性标注

单击"草图"选项卡"标注"面板中的"线性"按钮，弹出"线性"对话框，如图 2-44 所示。该命令可在两点之间创建线性水平标注、垂直标注和对齐标注，如图 2-45 所示为线性标注示例。

2）线性偏移标注

偏移标注是指在两条平行线之间创建标注。投影距离标注是投影一个点到一条线的垂直距离的线性标注。

单击"草图"选项卡"标注"面板中的"线性偏移"按钮，弹出"线性偏移"对话框，如图 2-46 所示。如图 2-47 所示为线性偏移标注示例。

3）对称标注

在工程图下，双击创建的标注可对其进行编辑。

单击"草图"选项卡"标注"面板中的"对称"按钮，弹出"对称"对话框，如图 2-48 所示。该对话框中有线性和角度两种标注方法，如图 2-49 所示为对称标注示例。

图2-44　"线性"对话框

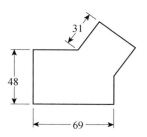

图2-45　线性标注示例

图2-46　"线性偏移"对话框

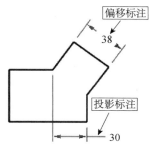

图2-47　线性偏移标注示例

图2-48　"对称"对话框

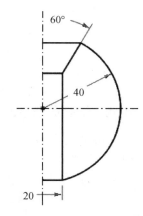

图2-49　对称标注示例

4）角度标注

单击"草图"选项卡"标注"面板中的"角度"按钮，弹出"角度"对话框，如图2-50所示。

该命令支持各种不同类型的标注，包括两曲线、水平、垂直、三点标注和弧长标注。其中，两曲线、水平和垂直标注不仅支持直线与直线之间的角度标注，还支持直线与曲线、曲线与曲线之间的角度标注。如图2-51所示为角度标注示例。

5）半径/直径标注

单击"草图"选项卡"标注"面板中的"半径/直径"按钮，弹出"半径/直径"对话框，如图2-52所示。使用该命令可以创建标准、直径、折弯、引线和大半径等标注。双击创建的标注可对其进行编辑，如图2-53所示为半径/直径标注示例。

图2-50　"角度"对话框

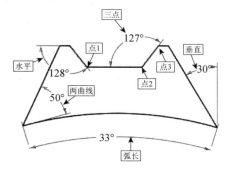

图2-51　角度标注示例

图2-52　"半径/直径"对话框

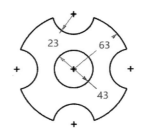

图2-53　半径/直径标注示例

项 目 实 战

实战　绘制曲柄草图

本实战的内容为绘制如图2-54所示的曲柄草图。

【操作步骤】

（1）新建草图。单击"造型"选项卡"基础造型"面板中的"草图"按钮✍，弹出"草图"对话框，在绘图区选项"默认CSYS_XZ"基准面，单击"确定"按钮✔，进入草图绘制状态。

（2）绘制中心线。单击"草图"选项卡"绘图"面板中的"轴"按钮╱，弹出"轴"对话框，选择"两点╱"选项，绘制两条过原点的中心线，如图2-55所示。

（3）绘制圆。单击"草图"选项卡"绘图"面板中的"圆"按钮○，弹出"圆"对话框，选择"边界☺"选项，绘制同心圆，隐藏约束后如图2-56所示。

（4）绘制切线。单击"草图"选项卡"绘图"面板中的"直线"按钮╱，弹出"直线"对话框，选择"两点╱"选项，单击"点1"后的"下拉列表"按钮▼，在打开的下拉菜单中选择"切点"选项，捕捉各圆上的切点绘制切线，如图2-57所示。

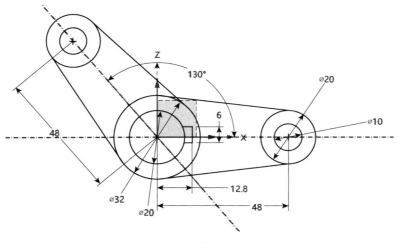

图2-54　曲柄草图

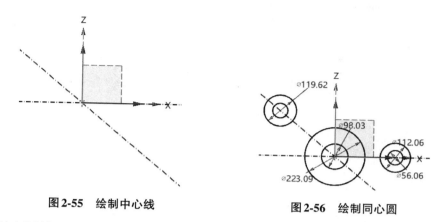

图 2-55 绘制中心线

图 2-56 绘制同心圆

（5）绘制键槽。单击"草图"选项卡"绘图"面板中的"矩形"按钮 □，弹出"矩形"对话框，选择"角点 □"选项，绘制键槽，如图 2-58 所示。

（6）修剪键槽。单击"草图"选项卡"编辑曲线"面板中的"单击修剪"按钮 ，弹出"单击修剪"对话框，修剪键槽的结果如图 2-59 所示。

图 2-57 绘制切线

图 2-58 绘制键槽

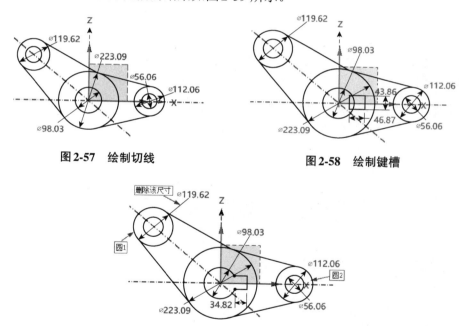

图 2-59 修剪键槽结果

（7）删除尺寸。删除上端圆的直径尺寸。

（8）设置等半径约束。单击"草图"选项卡"约束"面板中的"等半径"按钮 ，弹出"等半径"对话框，对图 2-59 所示的圆 1 和圆 2 进行等半径约束。用同样的方法，将两个小同心圆进行等半径约束。

（9）标注和修改尺寸。单击"草图"选项卡"标注"面板中的"快速标注"按钮 ，弹出"快速标注"对话框，标注尺寸，并修改已有尺寸后的结果如图 2-54 所示。

项目三 草图编辑

素质目标

➢ 培养对作品精确性的追求和对细节的关注，强化其精益求精的工作态度
➢ 培养跨学科知识的整合和应用能力

技能目标

➢ 草图编辑工具
➢ 高级编辑工具

项目导读

本项目将在草图绘制的基础上详细介绍草图的编辑方法。能否熟练掌握草图的编辑方法，决定了能否快速三维建模、能否提高工程设计的效率、能否灵活地把三维设计软件应用到其他领域。

任务 1 草图编辑工具

任务引入

小明开始时可能只使用基本的绘制工具如线条和圆来绘制草图。但随后他意识到，他的设计需要更复杂的形状或自定义的几何结构，那么，小明该如何使用草图编辑工具来调整和优化图形呢？

知识准备

中望 3D 2024 提供了一系列的草图编辑工具，如圆角、倒角、修剪和偏移等。无论是初学者还是经验丰富的设计师，都可以通过这些工具来实现设计意图。同时，利用这些工具，用户可以确保设计的精确性，提高设计效率，并最终高质量完成产品设计。

一、绘制圆角

绘制圆角的方法有两种，一种是利用"圆角"命令在两曲线间绘制圆角，另一种是利用"链状圆角"命令在曲线链之间创建指定半径的圆角。

1. 圆角

使用"圆角"命令来创建两条曲线间的圆角。

单击"草图"选项卡"编辑曲线"面板中的"圆角"按钮□，弹出"圆角"对话框，如图3-1所示。对话框中各项的含义如下所述。

（1）半径□：采用该种方式绘制圆角，需选择两条曲线并设置圆角半径，如图3-2（a）所示。

（2）边界□：采用该种方式绘制圆角，选择两条曲线和选择两条曲线间的点创建圆角，如图3-2（b）所示。

（3）G2（曲率连续）圆弧：勾选"G2（曲率连续）圆弧"复选框，则使用设计弧来替代传统圆弧。设计弧是NURBS（非均匀有理B样条曲线）曲线，其与弧的切点匹配但在端点的曲率为零。

（4）修剪：采用两种方式绘制圆角，均可设置是否对曲线进行修剪。修剪选项包括两者都修剪、不修剪、修剪第一条和修剪第二条。

（5）延伸：使用"延伸"命令来控制延伸曲线的路径。延伸选项包括线性、圆形和反射。

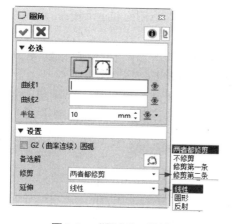

图3-1　"圆角"对话框

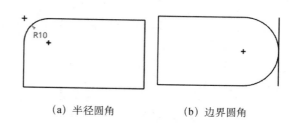

（a）半径圆角　　　　（b）边界圆角

图3-2　绘制圆角示例

2. 链状圆角

使用"链状圆角"命令可在曲线链中每条相邻曲线之间创建一个圆角。

单击"草图"选项卡"编辑曲线"面板中的"链状圆角"按钮□，弹出"链状圆角"对话框，如图3-3所示。该命令先选择要进行圆角操作的曲线链，再确定其半径。

在对话框中若勾选"修剪原曲线"复选框，则修剪原始曲线。否则，只绘制圆角不修剪曲线。链状圆角示例如图3-4所示。

图3-3　"链状圆角"对话框

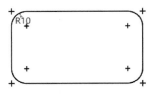

图3-4　链状圆角示例

二、绘制倒角

绘制倒角的方法有两种：一种是利用"倒角"命令在两曲线间绘制倒角；另一种是利用"链状倒角"命令在曲线链之间创建指定半径的倒角。

1. 倒角

使用"倒角"命令通过指定倒角距离或倒角距离和角度在两条边界曲线间创建一个倒角。如果将命令中的一个倒角距离设置为"0"，则会修剪或延伸两条曲线，使其相交并形成一个角。

单击"草图"选项卡"编辑曲线"面板中的"倒角"按钮□，弹出"倒角"对话框，如图3-5所示。

对话框中提供了3种绘制倒角的方式。

（1）倒角距离□：在两条曲线间创建一个等距倒角。在端点附近选择两条曲线并指定倒角距离，如图3-6（a）所示。

（2）两个倒角距离□：在两条曲线间创建一个到两条曲线距离不相等的倒角。先选择要倒角的两条曲线，然后分别指定第一和第二个倒角距离，如图3-6（b）所示。

（3）倒角距离和角度□：通过指定第一条曲线的倒角距离和角度创建一个倒角。先选择要倒角的两条曲线，然后指定沿第一条曲线的倒角距离和角度，如图3-6（c）所示。

图3-5　"倒角"对话框

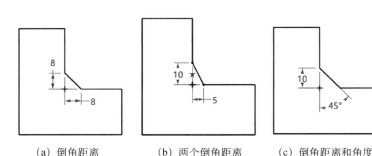

（a）倒角距离　　　（b）两个倒角距离　　　（c）倒角距离和角度

图3-6　倒角示例

2. 链状倒角

使用"链状倒角"命令为曲线链创建等距倒角。

单击"草图"选项卡"编辑曲线"面板中的"链状倒角"按钮○，弹出"链状倒角"对话框，如图3-7所示。该命令先选择要进行倒角的曲线链，然后指定倒角距离。链状倒角示例如图3-8所示。

图3-7 "链状倒角"对话框

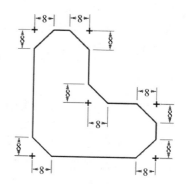

图3-8 链状倒角示例

三、草图修剪

草图修剪是草绘过程中最常见的编辑操作。中望3D 2024中提供了多个修剪工具，如图3-9所示。可以使用"划线修剪"和"单击修剪"命令快速修剪草图，也可以使用"修剪/延伸成角"命令编辑相交线段。

图3-9 修剪工具

1. 划线修剪

"划线修剪"命令将会根据鼠标指针移动的轨迹对其经过的实体进行裁剪。

单击"草图"选项卡"编辑曲线"面板中的"划线修剪"按钮，按住鼠标左键对其进行修剪，划线修剪操作示例如图3-10所示。

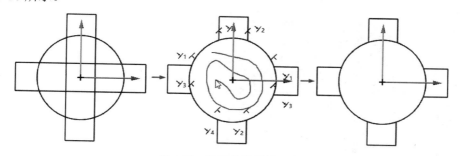

图3-10 划线修剪操作示例

需要注意的是，划线修剪不能修剪单一闭合曲线。

2. 单击修剪

"单击修剪"命令用于已选曲线段的自动修剪，最近相交的曲线作为修剪边界。

单击"草图"选项卡"编辑曲线"面板中的"单击修剪"按钮，弹出"单击修剪"对话框，如图3-11所示。单击修剪操作示例如图3-12所示。

图 3-11　"单击修剪"对话框

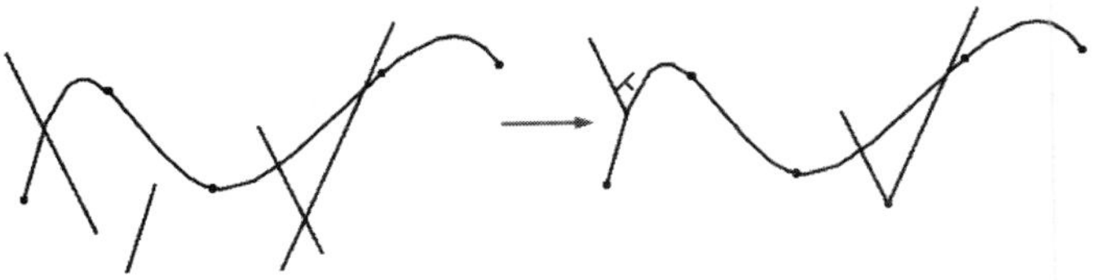

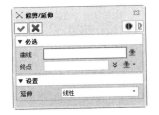

图 3-12　单击修剪操作示例

3. 修剪/延伸

"修剪/延伸"命令用于修剪或延伸线、弧或曲线。可修剪/延伸到一个点、一条曲线或输入一个延伸长度。

单击"草图"选项卡"编辑曲线"面板中的"修剪/延伸"按钮✕，弹出"修剪/延伸"对话框，如图 3-13 所示。先选择要修剪/延伸的曲线，然后选择要修剪/延伸的目标点、曲线或输入一个延伸长度。修剪/延伸操作示例如图 3-14 所示。

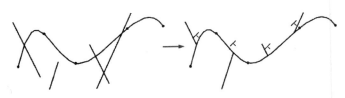

图 3-13　"修剪/延伸"对话框

图 3-14　修剪/延伸操作示例

4. 修剪/打断曲线

"修剪/打断曲线"命令可将曲线修剪/打断成一组边界曲线。

单击"草图"选项卡"编辑曲线"面板中的"修剪/打断曲线"按钮，弹出"修剪/打断曲线"对话框，如图 3-15 所示。先选定要修剪/打断的边界曲线，然后选择要删除、保留、打断的曲线段。曲线可以对其他曲线修剪/打断。修剪/打断曲线操作示例如图 3-16 所示。

图 3-15　"修剪/打断"对话框

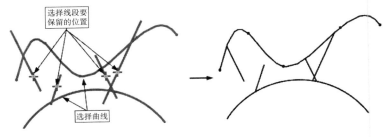

图 3-16　修剪/打断曲线操作示例

5. 通过点修剪/打断曲线

"通过点修剪/打断曲线"命令可选择曲线上的点修剪/打断一个曲线。用户可选择保留多个线段或只打断曲线。

单击"草图"选项卡"编辑曲线"面板中的"通过点修剪/打断曲线"按钮，弹出"通过点修剪/打断曲线"对话框，如图 3-17 所示。先选择一条要修剪或打断的曲线，然后在曲线上或曲线附近选择修剪/打断点，最后选择要保留的线段或单击中键只打断曲线。通过点修剪/打断曲线操作示例如图3-18所示。

图3-17 "通过点修剪/打断曲线"对话框

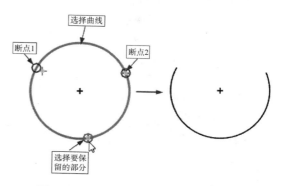

图3-18 通过点修剪/打断曲线操作示例

6. 修剪/延伸成角

"修剪/延伸成角"命令可以修剪/延伸两条曲线，使其形成一个角。

单击"草图"选项卡"编辑曲线"面板中的"修剪/延伸成角"按钮┼，弹出"修剪/延伸成角"对话框，如图3-19所示。分别选择曲线1、曲线2，曲线自动修剪/延伸，修剪/延伸成角操作示例如图3-20所示。

图3-19 "修剪/延伸成角"对话框

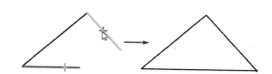

图3-20 修剪/延伸成角操作示例

7. 删除弓形交叉

使用"删除弓形交叉"命令会在当带圆角的曲线偏移距离大于圆角半径时，自动创建需要手动删除的弓形交叉。

单击"草图"选项卡"编辑曲线"面板中的"删除弓形交叉"按钮，弹出"删除弓形交叉"对话框，如图3-21所示。删除弓形交叉操作示例如图3-22所示。

图3-21 "删除弓形交叉"对话框

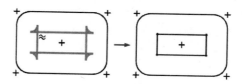

图3-22 删除弓形交叉操作示例

8. 断开交点

"断开交点"命令可在相交处自动断开曲线段。

单击"草图"选项卡"编辑曲线"面板中的"断开交点"按钮，弹出"断开交点"对话框，如图3-23所示。选中两相交曲线或选中自相交曲线，单击鼠标中键即可将曲线断开，断开交点操作示例如图 3-24 所示。

图 3-23 "断开交点"对话框

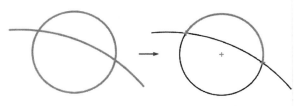

图 3-24 断开交点操作示例

四、偏移

可通过偏移曲线、曲线链或边缘，来创建另一条曲线。

单击"草图"选项卡"曲线"面板中的"偏移"按钮 🦢，弹出"偏移"对话框，如图 3-25 所示。

对话框中各项的含义如下所述。

（1）曲线：选择要进行偏移的曲线。

（2）距离：设置偏移距离。

（3）翻转方向：勾选该复选框，则反转偏移方向。

（4）在两个方向偏移：勾选该复选框，则进行双向偏移。

（5）在凸角插入圆弧：勾选该复选框，则在连接处插入一段圆弧，如图 3-26 所示。

（6）大致偏移：勾选该复选框，则偏移将分开曲线相交处，并移除无效区域。用户选择的曲线做粗略偏移，得到一个形状和原始曲线大体接近、没有自相交、尖锐边或拐角的偏移曲线。

（7）连接的曲线以完整的圆弧显示：勾选该复选框，则在各连接线或曲线转角插入一段圆弧，然后输入圆弧半径，如图 3-27 所示。

图 3-25 "偏移"对话框

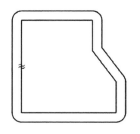

图 3-26 在凸角插入圆弧

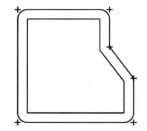

图 3-27 连接的曲线以完整的圆弧显示

（8）在圆角处修剪偏移曲线：勾选该复选框，若添加圆角，则对偏移曲线的圆角端点进行修剪。

（9）删除偏移区域的弓形交叉：勾选该复选框，则偏移后形成的弓形交叉被删除，删除弓形交叉和不删除弓形交叉的对比图如图3-28所示。

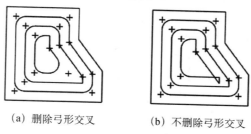

（a）删除弓形交叉　　　　（b）不删除弓形交叉

图3-28　对比图

任务2　高级编辑工具

任务引入

在绘制草图的过程中，小明发现只使用简单的草图编辑工具无法满足他的操作需求。为了解决这个问题，他需要尝试使用哪些更高级的编辑工具进行操作呢？

知识准备

对于更复杂的草图设计，中望3D 2024还提供如镜像、阵列、移动等高级编辑工具。这些工具可以在帮助用户创建复杂的草图的同时确保设计的精确性和一致性。

一、镜像

"镜像"命令可以镜像草图/工程图实体。

单击"草图"选项卡"基础编辑"面板中的"镜像"按钮■，弹出"镜像几何体"对话框，如图3-29所示。镜像操作示例如图3-30所示。

图3-29　"镜像几何体"对话框

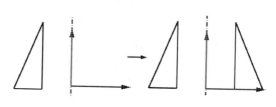

图3-30　镜像操作示例

需要注意的是：当进行镜像操作时，软件自动创建镜像约束；当修改原实体的大小时，镜像实体也会自动更新。

案例——绘制压盖草图

本案例绘制如图3-31所示的压盖草图。

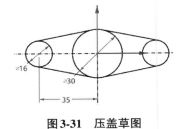

图3-31　压盖草图

【操作步骤】

（1）设置草绘平面。单击"造型"选项卡"基础造型"面板中的"草图"按钮✎，弹出"草图"对话框，在绘图区选择"默认CSYS_XY"平面作为草绘平面单击"确定"按钮✔，进入草图绘制状态。

（2）绘制中心线。单击"草图"选项卡"绘图"面板中的"轴"按钮╱，弹出"轴"对话框，单击"水平"按钮⌐，捕捉原点绘制水平中心线；单击"垂直"按钮⌐，捕捉原点绘制竖直中心线，如图3-32所示。

（3）绘制圆。单击"草图"选项卡"绘图"面板中的"圆"按钮○，弹出"圆"对话框，单击"边界"按钮☺，在绘图区绘制圆，如图3-33所示。

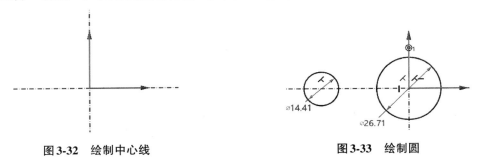

图3-32　绘制中心线　　　　　　　　　图3-33　绘制圆

（4）绘制切线。单击"草图"选项卡"绘图"面板中的"直线"按钮↙，弹出"直线"对话框，单击"两点"按钮╱，在绘图区右击，在弹出的快捷菜单中勾选"切点"，如图3-34所示。鼠标指针靠近小圆，当小圆上出现"Tan"符号时单击，如图3-35所示。用同样的方法，在大圆上单击后，再单击鼠标中键，切线绘制完成，如图3-36所示。

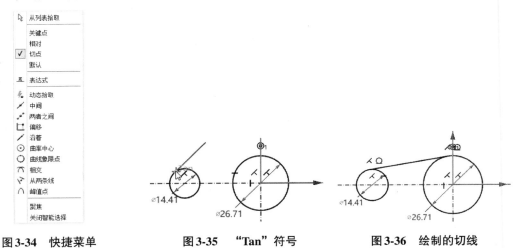

图3-34　快捷菜单　　　　　图3-35　"Tan"符号　　　　　图3-36　绘制的切线

（5）镜像切线。单击"草图"选项卡"基础编辑"面板中的"镜像"按钮▥，弹出"镜像几何体"对话框，选择切线作为镜像实体,选择水平中心线作为镜像线,结果如图3-37所示。

（6）镜像圆和切线。选择左侧的小圆和两条切线作为镜像实体，再选择竖直中心线作为镜像线，结果如图3-38所示。

（7）单击DA工具栏中的"打开/关闭约束"按钮，关闭约束显示。

（8）修改尺寸。双击修改尺寸值，如图3-39所示。

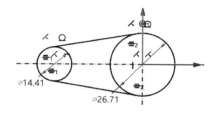

图3-37 镜像切线

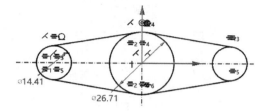

图3-38 镜像圆和切线

（9）标注尺寸。单击"草图"选项卡"标注"面板中的"快速标注"按钮，弹出"快速标注"对话框，对图形进行尺寸标注，如图3-40所示。

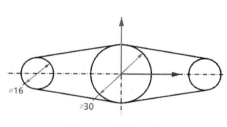

图3-39 修改尺寸

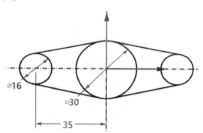

图3-40 标注尺寸

二、阵列

使用"阵列"命令，可将草图/工程图实体进行阵列。

单击"草图"选项卡"基础编辑"面板中的"阵列"按钮，弹出"阵列"对话框，如图3-41所示。该对话框中提供了3种阵列方式，线性阵列、圆形阵列和沿曲线阵列。下面分别对3种阵列进行介绍。

1. 线性阵列

单击"线性"按钮，如图3-41所示。对话框中各项的含义如下所述。

（1）基体：选择要阵列的实体。草图绘制环境中不能选择标注与约束进行阵列，但是阵列时会自动将所选几何对象内部的标注和约束（非固定约束）进行阵列。工程图环境中不能选择标注、表格和视图进行阵列。

（2）方向/方向2：线性阵列时，需指定阵列方向。可选择两个非平行的方向进行阵列。

（3）间距：可以通过三种方式定义阵列的数量和间距，分别是数量和间距、数量和区间、间距和区间。对线性阵列而言，"数量和间距"是直接输入沿该方向阵列的数量和每个实体间的间距值；"数量和区间"是指定阵列的最大距离区间及阵列的数量，自动计算合适的间距值；"间距和区间"是指定阵列的最大距离区间及间距，自动计算能够阵列的数量。

（4）数目：输入阵列的数目。

（5）间距距离：输入实体间的距离。

（6）区间距离：输入阵列的最大距离。

线性阵列操作示例如图 3-42 所示。

图 3-41　"阵列"对话框

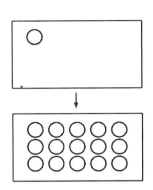

图 3-42　线性阵列操作示例

2. 圆形阵列

单击"圆形"按钮 ⚙，"阵列"对话框变为如图 3-43 所示。此时对话框中各项的含义如下所述。

（1）圆心：指定圆形的中心点。

（2）间距角度：输入实体间的距离或角度。

（3）区间角度：输入阵列的角度区间。

圆形阵列操作示例如图 3-44 所示。

图 3-43　"阵列-圆形"对话框

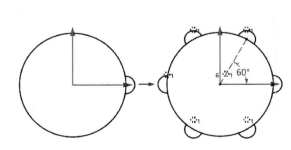

图 3-44　圆形阵列操作示例

3. 沿曲线阵列

单击"沿曲线"按钮 ∿，"阵列"对话框变为如图 3-45 所示。其中曲线是指要选择的参考曲线。其余参数含义与前文相同，这里不再赘述。

沿曲线阵列操作示例图 3-46 所示。

图3-45　"阵列-沿曲线"对话框

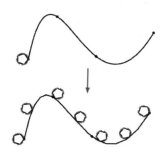

图3-46　沿曲线阵列操作示例

三、移动

使用"移动"命令，可将草图/工程图实体从一个位置移动到另一个位置。

单击"草图"选项卡"基础编辑"面板中的"移动"按钮，弹出"移动"对话框，如图3-47所示。

选择要移动的实体，确定参考点和目标点，或根据需求，指定方向、角度和缩放，移动操作示例如图3-48所示。

图3-47　"移动"对话框

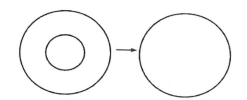

图3-48　移动操作示例

四、复制

使用"复制"命令，可将草图/工程图实体从一个位置复制到另一个位置。也可以通过指定方向、角度和缩放复制草图/工程图实体。

单击"草图"选项卡"基础编辑"面板中的"复制"按钮，弹出"复制"对话框，如图3-49所示。复制操作示例如图3-50所示。

五、旋转

使用"旋转"命令可以使草图/工程图实体围绕一个参照点旋转/旋转复制。

单击"草图"选项卡"基础编辑"面板中的"旋转"按钮，弹出"旋转"对话框，如图3-51所示。选择要旋转的实体，指定旋转的基点，指定旋转角（逆时针测定）或选择一个起点和终点。旋转/旋转复制操作示例如图 3-52 所示。

图 3-49　"复制"对话框

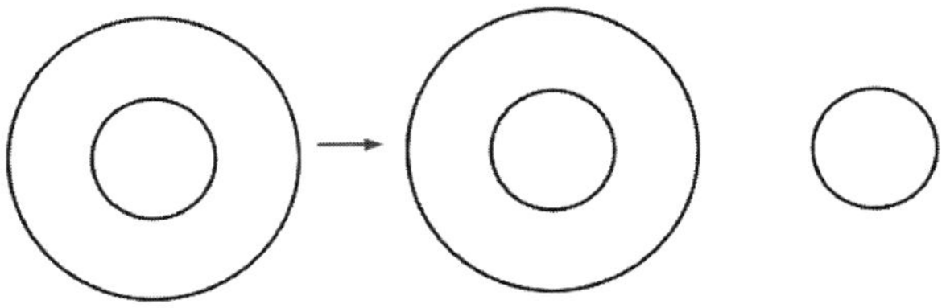

图 3-50　复制操作示例

图 3-51　"旋转"对话框

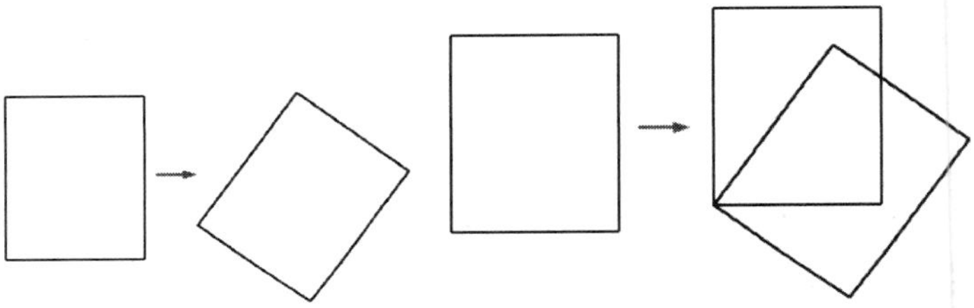

（a）旋转　　　　　　　　（b）旋转复制

图 3-52　操作示例

六、缩放

使用"缩放"命令，可放大或缩小草图/工程图实体的尺寸。

单击"草图"选项卡"基础编辑"面板中的"缩放"按钮 ，弹出"缩放"对话框，如图 3-53 所示。对话框中部分项的含义如下所述。

（1）缩放类型：比例为采用单一缩放比例。

（2）基点：采用两点决定缩放比例。

（3）方式：均匀为如果"缩放类型"设为"比例"，在 X、Y 方向上应用一个均匀的缩放比例，在其对话框中输入缩放比例；如果"缩放类型"设为"点"，在所选择的起点和终点间应用一个均匀的缩放比例。

非均匀为如果"缩放类型"设为"比例"，在 X、Y 方向上分别应用一个缩放比例，在对应输入框中输入 X、Y 方向的缩放比例；如果上述缩放类型设为点，在所选点之间应用一个非均匀比例，分别为 X 轴和 Y 轴选择起点和终点。

（4）制作副本：勾选该复选框，在缩放实体时生成副本，缩放操作示例如 3-54 所示。

需要注意的是：如果缩放类型是点，缩放值会根据点信息自动计算。（缩放值="到"点与"基点"之间的距离/"从"点到"基点"之间的距离）

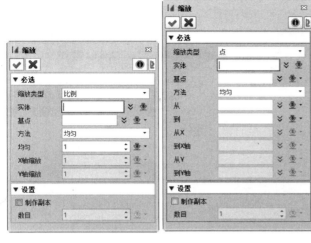

图3-53　"缩放"对话框

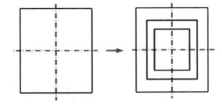
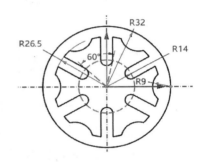

图3-54　缩放操作示例

案例——间歇轮草图

本案例绘制图3-55所示的间歇轮草图。

【操作步骤】

（1）设置草绘平面。单击"造型"选项卡"基础造型"面板中的"草图"按钮✍，弹出"草图"对话框，在绘图区选择"默认CSYS_XY"平面作为草绘平面，单击"确定"按钮✔，进入草图绘制状态。

图3-55　间歇轮草图

（2）绘制中心线。单击"草图"选项卡"绘图"面板中的"轴"按钮╱，弹出"轴"对话框，单击"水平"按钮┴，捕捉原点绘制水平中心线；单击"垂直"按钮╟，捕捉原点绘制竖直中心线。

（3）绘制圆1。单击"草图"选项卡"绘图"面板中的"圆"按钮○，弹出"圆"对话框，选择圆的绘制方式为"半径"⊙，以原点为圆心，绘制半径为32 mm和14 mm的圆，结果如图3-56所示。

（4）切换为构造线。选中半径为14 mm的圆，右击，在弹出的快捷菜单中单击"切换类型（构造型/实体型）"按钮⤢，将该圆转换为构造线。

（5）绘制圆2。单击"草图"选项卡"绘图"面板中的"圆"按钮○，弹出"圆"对话框，选择圆的绘制方式为"半径"⊙，以半径为14 mm的圆的上象限点为圆心绘制半径为3 mm的圆。

（6）绘制直线。单击"草图"选项卡"绘图"面板中的"直线"按钮╲，弹出"直线"对话框，单击"竖直"按钮╟，绘制半径为3 mm的小圆的切线，如图3-57所示。

（7）阵列实体。单击"草图"选项卡"基础编辑"面板中的"阵列"按钮▦，弹出"阵列"对话框，选择阵列类型为"圆形"⟳，在绘图区选择半径为3 mm的小圆和直线，以原点为阵列中心点进行阵列，间距选择"数目和间距"，"数目"设置为"6"，"间距角度"设置为"60"，取消勾选"添加标注"复选框，如图3-58所示。单击"确定"按钮✔，阵列结果如图3-59所示。

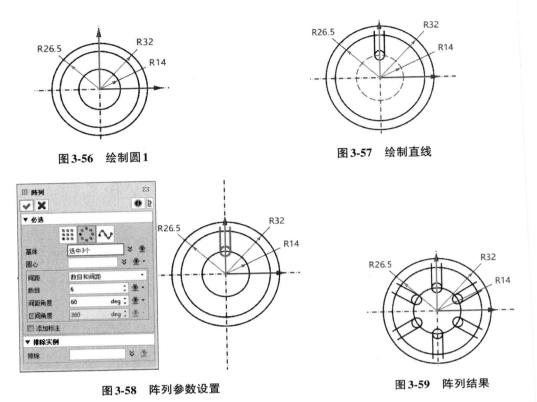

图 3-56　绘制圆 1　　　　　　　　图 3-57　绘制直线

图 3-58　阵列参数设置　　　　　　图 3-59　阵列结果

（8）修剪图形 1。单击"草图"选项卡"编辑曲线"面板中的"单击修剪"按钮，弹出"单击修剪"对话框，修剪多余的图形，如图 3-60 所示。

（9）绘制圆 3。单击"草图"选项卡"绘图"面板中的"圆"按钮，弹出"圆"对话框，选择圆的绘制方式为"半径"，以半径为 32 mm 的圆的右象限点为圆心绘制半径为 9 mm 的圆，如图 3-61 所示。

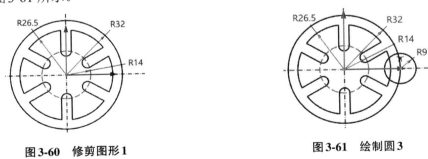

图 3-60　修剪图形 1　　　　　　　图 3-61　绘制圆 3

（10）旋转复制图形。单击"草图"选项卡"基础编辑"面板中的"旋转"按钮，弹出"旋转"对话框，选择半径为 9 mm 的圆作为要旋转的实体，单击"复制"单选按钮，"角度"为"60"，"复制个数"为"5"，如图 3-62 所示。单击"确定"按钮，旋转复制结果如图 3-63 所示。

（11）修剪图形 2。单击"草图"选项卡"编辑曲线"面板中的"单击修剪"按钮，弹出"单击修剪"对话框，修剪多余的图形，如图 3-64 所示。

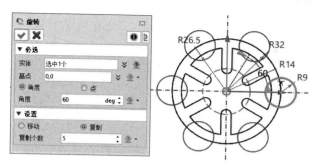

图 3-62　旋转复制参数设置

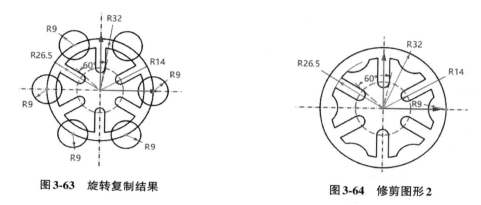

图 3-63　旋转复制结果　　　　　　　　　图 3-64　修剪图形 2

项 目 实 战

实战　挂轮架草图

本实战的内容为绘制如图 3-65 所示的挂轮架草图。

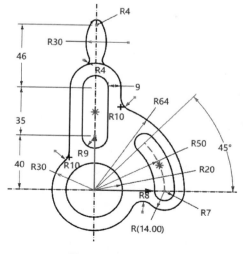

图 3-65　挂轮架草图

【操作步骤】

（1）设置草绘平面。单击"造型"选项卡"基础造型"面板中的"草图"按钮✎，弹出"草图"对话框，在绘图区选择"默认CSYS_XY"平面作为草绘平面，单击"确定"按钮✔，进入草图绘制状态。

（2）绘制中心线。单击"草图"选项卡"绘图"面板中的"轴"按钮╱，弹出"轴"对话框，单击"水平"按钮╌，捕捉原点绘制水平中心线；单击"垂直"按钮╎，捕捉原点绘制竖直中心线。

（3）绘制同心圆。单击"草图"选项卡"绘图"面板中的"圆"按钮○，弹出"圆"对话框，选择圆的绘制方式为"半径"⊙，以原点为圆心，绘制半径为20 mm、30 mm和64 mm的圆，结果如图3-66所示。

（4）绘制直线槽。单击"草图"选项卡"绘图"面板中的"槽"按钮✎，弹出"槽"对话框，如图3-67所示。选择绘制槽的方式为"直线"✎，设置半径为9 mm，在适当的位置绘制直线槽，如图3-68所示。

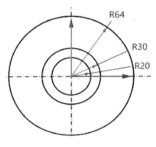

图3-66　绘制同心圆

图3-67　"槽"对话框

（5）绘制中心圆弧槽。选择绘制槽的方式为"中心圆弧"✎，设置半径为7 mm，以原点为中心绘制圆弧槽，并修改槽的半径为50 mm，如图3-69所示。

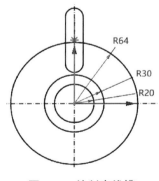

图3-68　绘制直线槽

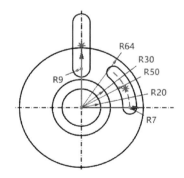

图3-69　绘制中心圆弧槽

（6）标注角度。单击"草图"选项卡"标注"面板中的"角度"按钮△，弹出"角度"对话框，选择标注方式为"三点角度标注"△，如图3-70所示。在绘图区依次选取中心圆弧的上中心点、原点和下中心点标注中心圆弧的夹角尺寸，如图3-71所示。

（7）偏移直线槽。单击"草图"选项卡"曲线"面板中的"偏移"按钮✎，弹出"偏移"对话框，选择如图3-72所示的圆弧和直线，设置偏移距离为9 mm。

（8）绘制圆。单击"草图"选项卡"绘图"面板中的"圆"按钮○，弹出"圆"对话框，选择圆的绘制方式为"半径"⊙，绘制半径为4 mm的圆，结果如图3-73所示。

图3-70　"角度"对话框

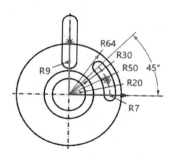

图3-71　标注角度

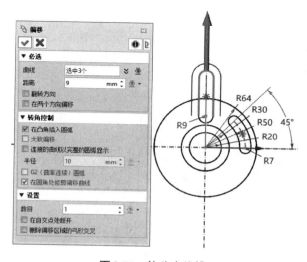

图3-72　偏移直线槽

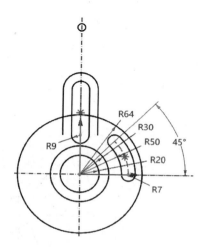

图3-73　绘制圆

（9）标注尺寸。单击"草图"选项卡"标注"面板中的"快速标注"按钮，弹出"快速标注"对话框，标注图形尺寸，如图3-74所示。

（10）绘制圆弧1。单击"草图"选项卡"绘图"面板中的"圆弧"按钮，弹出"圆弧"对话框，选择绘制方式为"半径"，设置半径为30 mm，如图3-75所示。在绘图区右击，在弹出的快捷菜单中勾选"切点"复选框，如图3-76所示。然后将鼠标指针移到半径为4 mm的小圆上，当出现"Tan"符号时单击确定第一点，然后在适当的位置确定第二点和第三点，结果如图3-77所示。

（11）镜像圆弧。单击"草图"选项卡"基础编辑"面板中的"镜像"按钮，弹出"镜像几何体"对话框，选择（10）中绘制的圆弧为需镜像的实体，选择竖直中心线为镜像线，结果如图3-78所示。

（12）绘制圆弧2。单击"草图"选项卡"绘图"面板中的"圆弧"按钮，弹出"圆弧"对话框，选择绘制方式为"圆心"，设置圆弧为顺时针，选择半径为7 mm的圆弧的圆心为第一点，半径为64 mm的圆的右象限点为第二点，在适当位置单击确定第三点，圆弧绘制完成，如图3-79所示。

（13）延伸直线。单击"草图"选项卡"编辑曲线"面板中的"修剪/延伸"按钮，弹出"修剪/延伸"对话框，选择如图3-79所示的直线1，在其下方直径为30 mm的圆上单击，延伸完成，结果如图3-80所示。

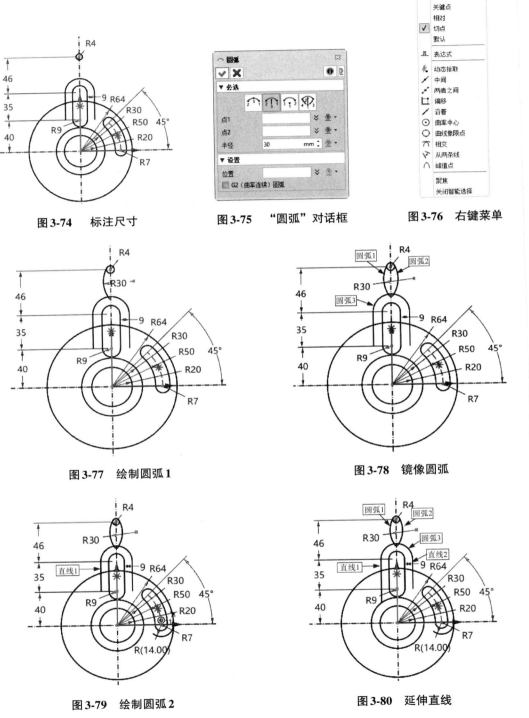

图 3-74　标注尺寸　　　　图 3-75　"圆弧"对话框　　　　图 3-76　右键菜单

图 3-77　绘制圆弧 1　　　　　　　　　图 3-78　镜像圆弧

图 3-79　绘制圆弧 2　　　　　　　　　图 3-80　延伸直线

（14）绘制圆角。单击"草图"选项卡"编辑曲线"面板中的"圆角"按钮，弹出"圆角"对话框，设置圆角半径为 4 mm，修剪方式选择"修剪第一条"，选择图 3-80 所示的圆弧1、圆弧 2 分别与圆弧 3 进行圆角操作；修改圆角半径为 10 mm，修剪方式选择"两者都修剪"，选择直线 1 和半径为 30 mm 的圆进行圆角操作，再选择直线 2 和半径为 64 mm 的圆进行圆角操作；修改圆角半径为 8 mm，修剪方式选择"两者都修剪"，选择半径为 30 mm 的圆和半径为 14 mm 的圆弧进行圆角操作，结果如图 3-81 所示。

（15）修剪图形。单击"草图"选项卡"编辑曲线"面板中的"单击修剪"按钮 ，弹出"单击修剪"对话框，将半径为 4 mm 的小圆进行修剪操作，结果如图 3-82 所示。

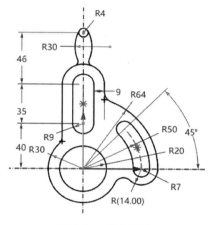

图 3-81　绘制圆角

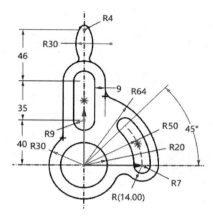

图 3-82　修剪图形

项目四　实体造型基础

素质目标

➤ 培养系统化思考问题的能力，能够更好地理解和管理复杂的设计项目

➤ 在设计和编辑过程中，结合职业道德教育，明白设计将直接影响产品的安全、环保和社会效益，因此工作中更加细致认真

技能目标

➤ 图层
➤ 基准特征

项目导读

在实体建模中，图层和基准特征是两个非常重要的概念。它们对于组织模型、提高设计效率及确保设计的精度和质量至关重要。

任务1　图层

任务引入

小明开始时只使用基本的绘制工具如线条和圆来创建草图。但随后他意识到，他的设计需要更复杂的形状或自定义的几何结构，那么，小明该如何使用草图编辑命令来调整和优化图形呢？

知识准备

在构建三维模型的过程中，不同类型的几何要素将会被一步步地添加进去，这些几何要素包括点、直线、曲线、草图、基准、曲面以及实体等。对于复杂的几何模型，它可能包含上千个特征，这就意味着有更多的几何要素在其中。此时，很难清晰地显示该几何模型。因此，为了更好地控制不同类型的几何要素的显示，应充分利用图层功能。

一、图层管理器

单击DA工具栏中的"图层管理器"按钮 ，或者选择菜单栏中的"工具"→"图层管理器"命令打开图层管理器，如图4-1所示。通过图层管理器可以创建、编辑、删除、隐藏、激活和冻结图层，实体可以被分配到不同的图层，帮助管理设计数据。例如，参照几何体可以被分配到不同的图层，而不是被分配到零件几何体所在的图层。

在中望3D 2024中可创建256（0～255）个图层。创建新零件时，新零件会包含一个命名为"图层0000"的图层。这是在创建一个新的模型文件时软件自动创建的图层，这个图层可以被重命名，但是不可被删除。在中望3D 2024中，如果用户不创建新的图层，那么所有的几何要素都将被自动放在创建的默认图层中。单击小灯泡图标，此图层被关闭显示，此时，绘图区的所有几何要素将不显示。

用户可为某个图层设置默认的属性，而这些属性会自动分配给该图层中的新实体。

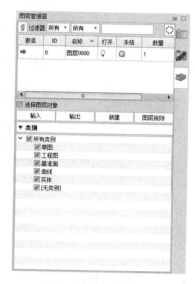

图4-1　图层管理器

二、复制（移动）到图层

使用"复制（移动）到图层"命令，可以将选定的对象，从一个图层复制（移动）到另外一个目标图层。复制（移动）的对象可以是某几个选定实体，也可以是某个特定图层。复制到图层的新增对象与原始对象之间没有任何关联关系。

单击DA工具栏中的"复制到图层"按钮 ，弹出"复制到图层"对话框，如图4-2所示。

单击DA工具栏中的"移动到图层"按钮 ，弹出"移动到图层"对话框，如图4-3所示。

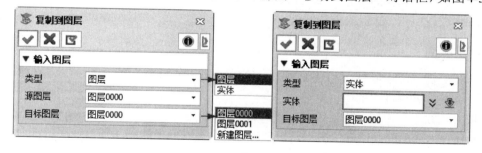

图4-2　"复制到图层"对话框

对话框中各项的含义如下所述。

（1）类型：选择要复制（移动）的对象类型，即图层或实体。

（2）源图层：选择要复制（移动）的图层，指定对象类型为图层时有效。

（3）目标图层：选择复制（移动）的目标图层，目标图层可以是即时创建的新图层。

（4）实体：选择要复制（移动）的实体，指定对象类型为实体时有效。支持选择文本作为实体。

（5）名称：设定新图层的名称，指定目标图层为新建图层时有效，如图4-4所示。

图4-3　"移动到图层"对话框　　　　　　图4-4　设置新图层名称

任务2　基准特征

任务引入

在绘制草图的过程中，小明遇到了一些挑战，他发现，没有基准特征很难精确地定位草图，从而影响到后续的特征创建和整个模型的准确性。那么，该如何使用和创建基准特征呢？

知识准备

基准特征是零件建模的参照特征，其主要用途是辅助三维特征的创建，可作为特征截面绘制的参照面、模型定位的参照面和控制点、装配用参照面等。此外基准特征（如基准坐标系）还可用于计算零件的质量属性，提供制造的操作路径等。基准特征通常是指基准面、基准轴和基准CSYS（Coordinate System，坐标系）。

一、基准面

基准面主要应用于零件图和装配图中，可以利用基准面来绘制草图、生成模型的剖面视图，还可用于拔模特征中的中性面等。

中望3D 2024提供了"默认CSYS_XY"、"默认CSYS_XZ"和"默认CSYS_YZ"3个默认的相互垂直的基准面。通常情况下，用户在这3个基准面上绘制草图，使用特征命令创建实体模型即可绘制需要的图形。但是，对于一些特殊的特征，需要创建新的基准面，如扫掠特征和放样特征等，在不同的基准面上绘制草图，才能完成模型的创建。

单击"造型/曲面/线框"选项卡"基准面"面板中的"基准面"按钮 ，或者选择菜单栏中的"插入"→"基准面"命令，弹出如图4-5所示的"基准面"对话框。该对话框中提供了7种基准面的创建方法。

1. 基准面的创建

（1）几何体法：通过选中的参考几何体创建基准面，参考几何体包括点、线、边、轴及面。几何体法创建基准面如图4-6所示，该基准面平行于面1并且过点1。

（2）偏移平面法：用户指定平面或基准面进行偏移来创建基准面。图4-7为利用偏移平面法创建基准面示例。

图4-5 "基准面"对话框

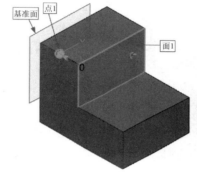

图4-6 几何体法创建基准面

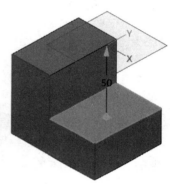

图4-7 偏移平面法创建基准面

（3）与平面成角度法：用户指定参考平面、旋转轴及旋转角度来创建与参考平面成一定角度的基准面。如图4-8所示为利用与平面成角度法创建基准面示例。

（4）3点平面法：用户最多指定3个点来创建基准面，所创建的基准面的法向可沿默认的3个轴向。如图4-9所示为利用3点平面法创建基准面示例。

（5）在曲线上法：用户指定参考曲线/边来创建基准面，支持对曲线上位置的控制，包括百分比与距离两种方式。如图4-10所示为利用在曲线上法创建基准面示例。

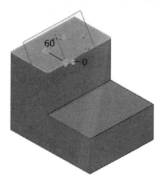

图4-8 与平面成角度法创建基准面

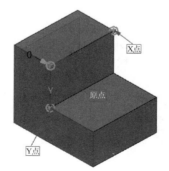

图4-9 3点平面法创建基准面

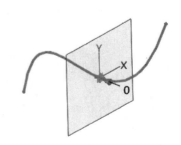

图4-10 在曲线上法创建基准面

（6）视图平面法：通过指定一个原点创建一个与当前视图平行的基准面。如图4-11所示为视图平面法创建基准面示例。

（7）动态法：通过指定一个位置来创建一个基准面。如图4-12所示为动态法创建基准面示例。

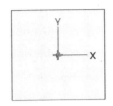

图4-11　视图平面法创建基准面

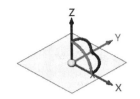

图4-12　动态法创建基准面

2．基准面管理

基准面创建完成之后可通过"视觉管理"管理器对其进行编辑，如图4-13所示。

双击"自动缩放"按钮，打开自动缩放功能，系统会根据模型的几何边界自动调整显示大小。

双击"全局显示"按钮，打开/隐藏系统默认基准面。

双击"名称显示"按钮，打开/隐藏基准面名称。

3．拖曳基准面

单击"造型/曲面/线框"选项卡"基准面"面板中的"拖曳基准面"按钮，弹出"拖曳基准面"对话框，如图4-14所示。在绘图区选择用户创建的基准面，基准面上会显示8个可拖曳的点，如图4-15所示。可选择一个点拖曳到目标位置。

图4-13　"视觉管理"管理器

图4-14　"拖曳基准面"对话框
（注：图中"拽"应为"曳"，为保持软件
原状，此处不做修改。）

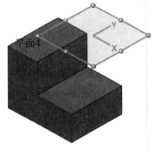

图4-15　拖曳基准面

二、基准轴

使用"基准轴"命令插入一个新的基准轴。基准轴包含方向、起点和长度。

单击"造型/曲面/线框"选项卡"基准面"面板中的"基准轴"按钮，或选择菜单栏中的"插入"→"基准轴"命令，弹出图4-16所示的"基准轴"对话框。该对话框中提供了7种基准轴的创建方法，下面进行详细介绍。

（1）几何体：选择最多两个参考对象来创建基准轴。参考对象包括点、线、边、轴、面等。勾选"长度"复选框，可设置基准轴长度，基准轴默认长度为整体长度，如图4-17（a）

所示。

（2）中心轴 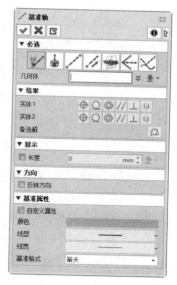：选择一个平面或曲线，软件会自动在该平面或曲线的中心插入一个基准轴，可设置基准轴的长度，如图4-17（b）所示。

（3）两点 ：通过指定两个点来创建一个基准轴，如图4-17（c）所示。

（4）点和方向 ：通过指定一个原点和方向来创建一个基准轴，基准轴可选择与该方向平行或垂直，如图4-17（d）所示。

（5）相交面 ：通过选择两个面的相交线创建基准轴，可设置其长度，如图4-17（e）所示。

（6）角平分线 ：在2条相交直线形成的角或补角的角平分线上创建一个基准轴，可设置其长度，如图4-17（f）所示。

（7）在曲线上 ：通过指定曲线或边线创建与曲线或边线上的某点相切、垂直，或者与另一对象垂直或平行的基准轴，如图4-17（g）所示。

图4-16　"基准轴"对话框

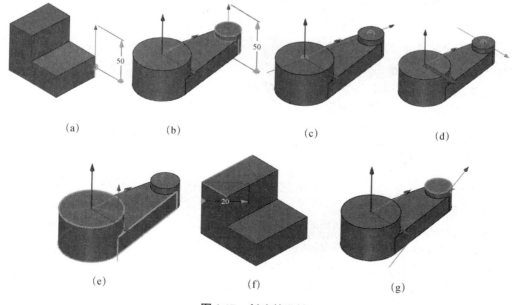

(a)　　　　(b)　　　　(c)　　　　(d)

(e)　　　　(f)　　　　(g)

图4-17　创建基准轴

三、默认CSYS

在中望3D 2024中默认的基准是默认CSYS，即默认坐标系，也是软件提供的全局坐标系，如图4-18所示。

在默认坐标系中显示的坐标轴可以在"视觉管理"管理器中进行打开/关闭操作，如图4-19所示。双击"视觉管理"管理器中的"中心点三重轴显示"按钮，可打开/关闭绘图区中心点的坐标轴；双击"视觉管理"管理器中的"左下角三重轴显示"按钮，可打开/关闭绘图区左下角的坐标轴。

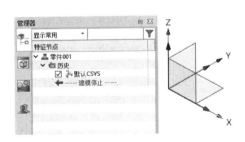

图4-18　默认坐标系

图4-19　"视觉管理"管理器

四、基准CSYS

用户可以采用基准坐标系建立一个参考坐标系。基准CSYS由原点、3个基准轴、3个基准面组成。原点类似于一般点实体，作为点捕捉等参考；3个基准轴可作为独立实体，作为一般方向的参考使用；3个基准面可作为一般的基准面使用；基准坐标系整体可作为独立的实体使用。

绘图区域绘制3个基准轴，3个基准面，1个原点，并且标记各基准轴的名称（X、Y、Z）。在默认情况下，基准坐标系作为整体选择，默认颜色为棕色。

单击"造型/曲面/线框"选项卡"基准面"面板中的"基准CSYS"按钮 ✎，或者选择菜单栏中的"插入"→"基准CSYS"命令，弹出如图4-20所示的"基准CSYS"对话框。该对话框中提供了7种基准CSYS的创建方法，下面进行详细介绍。

（1）几何体 ⟟：最多选择3个参考几何体直接智能创建一个坐标系。3个参考一次性输入，无须单击或单击鼠标中键跳转。可选择的参考几何体包括点（顶点、草图点、线框点、三维草图点）、方向（边、轴、草图线、线框）、面（平面、曲面）和坐标系（绝对坐标系、基准坐标系）。

图4-20　"基准CSYS"对话框

若选择一条曲线或一个边，无须附加输入。基准坐标系将在选中点处与该曲线或边垂直。

若选择一个面，无须附加输入。基准坐标系将在选中点处与该面相切。

若选中其他基准坐标系，选择该平面的原点或按下鼠标中键将其定位在选中基准坐标系的原点。如图4-21（a）所示为几何体法创建的基准CSYS。

（2）3个点 ⟟：通过指定3个点确定1个基准坐标系。选择1个点，确定基准坐标系的原点，再选择2个点，分别确定X轴和Y轴，如图4-21（b）所示。

（3）3个面 ✍：通过指定3个平面确定1个基准坐标系。所选的3个平面需彼此相交，如图4-21（c）所示。

（4）原点和2方向 ⟟：通过指定原点及2方向（直线、边线、轴线）创建一个基准坐标系，如图4-21（d）所示。

（5）平面，点和方向　：通过指定 Z 轴平面（可切换）为基础，点及方向投影为原点及 X 轴创建1个基准坐标系，如图4-21（e）所示。

（6）视图平面　：通过指定1个原点创建1个与当前屏幕平行的基准坐标系，如图4-21（f）所示。

（7）动态　：通过指定1个位置创建1个基准坐标系，如图4-21（g）所示。

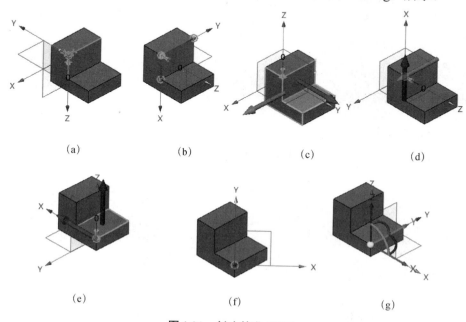

(a)　　　　　　(b)　　　　　　(c)　　　　　　(d)

(e)　　　　　　(f)　　　　　　(g)

图4-21　创建基准 CSYS

五、局部坐标系（Local Coordinate System，LCS）

使用"LCS"命令，LCS 将作为激活坐标系。任何坐标输入，均参考该 LCS，而非默认的全局坐标原点。

单击"造型/曲面/线框"选项卡"基准面"面板中的"LCS"按钮　，或者选择菜单栏中的"插入"→"LCS"命令，弹出如图4-22所示的"LCS"对话框。该对话框中提供了3种 LCS 的创建方法，以下为其详细介绍。

（1）定位LCS　：以默认坐标系定义LCS位置，如图4-23（a）所示，右击 LCS，选择"恢复到默认坐标系"可回到默认坐标系。

（2）选择基准面　：通过选择1个基准面作为 LCS 的 XY 平面，如图4-23（b）所示。

（3）动态　：通过输入原点位置及3个坐标轴的方向来创建 LCS。动态创建是以当前位置定义LCS，通过这种方法创建坐标系，可在视图区域拖动原点位置及调整坐标轴方向。动态创建是以当前位置定义LCS，如图4-23（c）所示。

需要注意的是：

（1）局部坐标操作不会记录到激活零件的历史中。

（2）采用"选择基准面"创建 LCS 时，如果在设置一个 LCS 前，没有一个合适的基准面，那么在命令提示"选择基准面作为LCS XY 平面"时，单击"基准面"列表框后面的下拉按钮，在打开的下拉菜单中选择"插入基准面"命令（图4-24），弹出"基准面"对话框，基准面创建完成后，该基准面会自动成为LCS。

图4-22　"LCS"对话框

(a)

(b)

(c)

图4-23　LCS

案例——创建基准特征

本案例利用如图4-25所示的底座模型，介绍创建基准面、基准轴和基准CSYS的方法。

图4-24　选择"插入基准面"命令

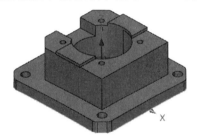

图4-25　底座模型

【操作步骤】

（1）打开源文件。单击快速访问工具栏中的"打开"按钮，打开"底座"源文件。

（2）创建基准面。单击"造型/曲面/线框"选项卡"基准面"面板中的"基准面"按钮，弹出"基准面"对话框。选择基准面绘制方式为"偏移平面"，选择底座模型的顶面作为参考面，如图4-26所示，设置偏移距离为30 mm，在"方向"选项组的"原点"输入框中单击，然后单击右侧的下拉按钮，在弹出的下拉列表中选择"绝对"，如图4-27所示。再设置原点坐标为（0,0,30），设置"Y轴角度"为"45"，如图4-28所示。单击"确定"按钮，创建的基准面如图4-29所示。

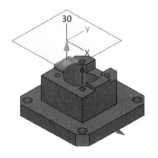

图4-26　选择参考面

图4-27　下拉列表

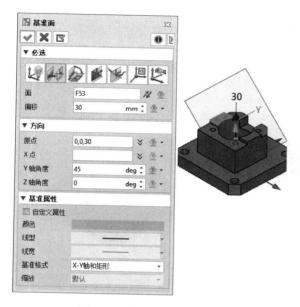

图 4-28　基准面参数设置

图 4-29　创建的基准面

（3）显示基准面名称。单击右下角的"管理器"按钮 ，打开管理器，单击"视觉管理"按钮 ，双击"基准面"中的"名称显示"按钮，如图 4-30 所示。显示绘图区基准面名称，如图 4-31 所示。

图 4-30　打开"名称显示"

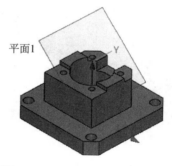

图 4-31　显示绘图区基准面名称

（4）创建基准轴。单击"造型/曲面/线框"选项卡"基准面"面板中的"基准轴"按钮 ，弹出"基准轴"对话框。选择基准轴绘制方式为"中心轴"，在绘图区选择如图 4-32 所示的圆柱孔面，勾选"长度"复选框，设置长度值为 120 mm，勾选"反转方向"复选框，勾选"自定义属性"复选框，设置颜色为"红色"，单击"确定"按钮 ，创建的基准轴结果如图 4-33 所示。

（5）创建基准 CSYS。单击"造型/曲面/线框"选项卡"基准面"面板中的"基准 CSYS"按钮 ，系统弹出如图 4-34 所示的"基准 CSYS"对话框。选择基准 CSYS 创建方式为"平面、点和方向" 选择图 4-34 中的面 1、点 1 和边线 1，单击"确定"按钮 ，创建的基准 CSYS 如图 4-35 所示。

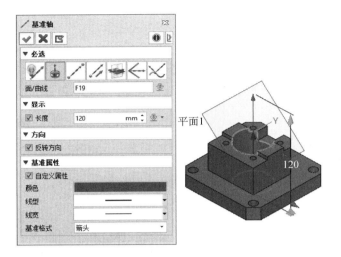

图 4-32　基准轴参数设置

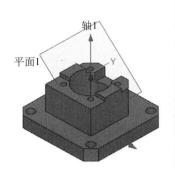

图 4-33　创建的基准轴结果

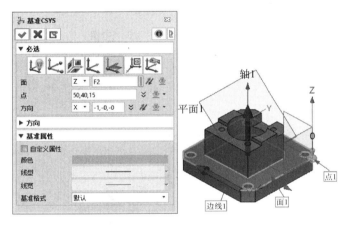

图 4-34　基准 CSYS 参数设置

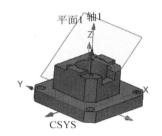

图 4-35　创建的基准 CSYS

项 目 实 战

实战　创建阶梯轴键槽草图

本实战的内容为绘制阶梯轴上的键槽草图，如图 4-36 所示。

【操作步骤】

（1）打开"阶梯轴"源文件，如图 4-37 所示。

（2）新建图层。单击"文件浏览器"开关按钮，打开文件浏览器。再单击"图层管理器"按钮即可打开图层管理器。单击"新建"按钮，创建新图层，名称为"草图"，如图 4-38 所示。

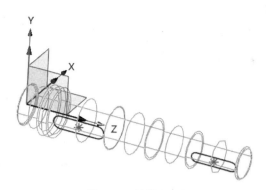

图4-36 键槽草图

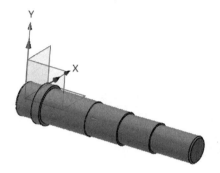

图4-37 "阶梯轴"源文件

图4-38 新建图层

（3）创建平面1。单击"造型/曲面/线框"选项卡"基准面"面板中的"基准面"按钮，弹出"基准面"对话框。选择基准面绘制方式为"偏移平面"，选择"默认CSYS_YZ"作为基准面，设置偏移距离为-20 mm，如图4-39所示。单击"确定"按钮，创建的平面1如图4-40所示。

图4-39 设置基准面参数

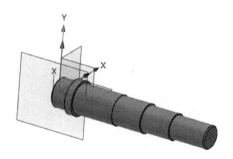

图4-40 创建的平面1

（4）创建平面2。单击"造型/曲面/线框"选项卡"基准面"面板中的"基准面"按钮，弹出"基准面"对话框。选择基准面绘制方式为"偏移平面"，选择"默认CSYS_YZ"作为基准面，设置偏移距离为-15 mm，单击"确定"按钮，创建的平面2如图4-41所示。

（5）切换图层。在DA工具栏中的"草图列表"中选择"草图"层，将其设置为当前层。

（6）绘制键槽草图1。单击"造型"选项卡"基础造型"面板中的"草图"按钮，弹出

"草图"对话框，选择平面1作为草绘基准面，进入草图绘制状态。绘制的键槽草图1如图4-42所示。

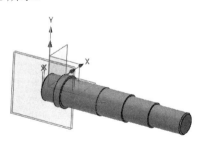

图4-41　平面2

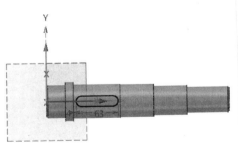

图4-42　绘制的键槽草图1

　　（7）绘制键槽草图2。单击"造型"选项卡"基础造型"面板中的"草图"按钮 ，弹出"草图"对话框，选择平面2作为草绘基准面，进入草图绘制状态。绘制的键槽草图2如图4-43所示。

　　至此，键槽草图绘制完成，结果如图4-36所示。使用"拉伸"命令，可进行拉伸切除操作。方法如下。

　　（1）创建拉伸切除1。单击"造型"选项卡"基础造型"面板中的"拉伸"按钮 ，弹出"拉伸"对话框，选择草图1，

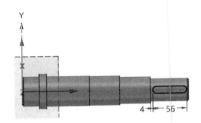

图4-43　绘制的键槽草图2

设置"拉伸类型"作为"1边"，"结束点"设置为"15"，布尔运算选择"减运算"，布尔实体选择阶梯轴，如图4-44所示。单击"确定"按钮 ，完成拉伸切除操作。

　　（2）创建拉伸切除2。同样的方法，选择草图2，进行拉伸切除操作，结果如图4-45所示。

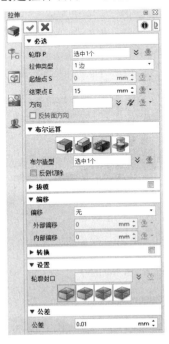

图4-44　创建拉伸切除1

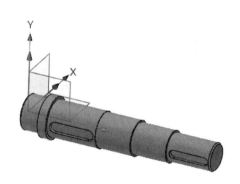

图4-45　创建拉伸切除2

项目五　实体造型

> 在掌握专业技能的同时，培养良好的职业道德和社会责任感，为成为社会的有用之才打下坚实的基础
> 认识到技术和软件工具是不断发展的，需要持续学习和更新知识，以保持自己的专业能力与时俱进

> 基础造型
> 特征造型
> 库特征

基于特征的建模是一种将特征视为建模基本单元的模型创建方法，即三维模型可以用各种不同类型的特征创建出来。

任务1　基础造型

小明在学习了图层和基准特征的创建之后，开始进行实体建模，要进行实体建模，掌握实体造型技巧是非常重要的，而基础造型是实体建模的基石。小明该学习哪些基础造型命令呢？

中望 3D 2024 中的圆柱体、球等基础造型是构建三维模型的基本元素，它们在设计中扮演着重要角色。不仅可以帮助设计师快速搭建模型，提高设计的灵活性和准确性，而且也可用于各种工程分析和仿真。这些造型是中望 3D 2024 强大设计能力的重要体现，能够满足设

计师在产品三维设计、模具设计及产品加工计算机辅助制造（Computer-Aided Manufacturing，CAM）方面的多样化需求。

一、六面体

使用"六面体"命令快速创建一个六面体特征。

单击"造型"选项卡"基础造型"面板中的"六面体"按钮 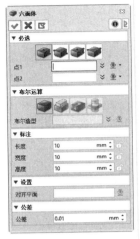，系统弹出"六面体"对话框，如图5-1所示。该对话框中各项的含义如下所述。

1. 六面体绘制方法

（1）中心 ：通过中心点和顶点创建六面体，操作示例如图5-2（a）所示。

（2）两点 ：通过"六面体"角点创建六面体，操作示例如图5-2（b）所示。

（3）中心-高度 ：通过中心点、顶点和高度创建六面体，操作示例如图5-2（c）所示。

（4）角点-高度 ：通过两个角点和高度创建六面体，操作示例如图5-2（d）所示。

图5-1　"六面体"对话框

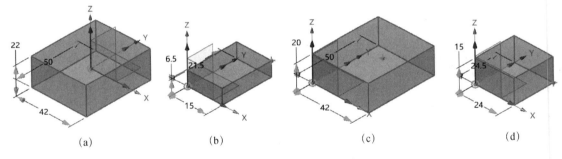

| (a) | (b) | (c) | (d) |

图5-2　绘制六面体操作示例

2. 布尔运算

指定布尔运算和进行布尔运算的造型。除基体外，其他运算都将激活该选项，且必须选择布尔造型。

（1）基体 ：创建一个独立的基体特征。基体特征用于定义一个零件的基本造型。

（2）加运算 ：创建一个实体，该实体被添加至布尔造型中。

（3）减运算 ：创建一个实体，该实体从布尔造型中移除。

（4）交运算 ：创建一个实体，该实体与布尔造型求交。

（5）布尔造型：选择要进行布尔运算的实体。

二、圆柱体

使用"圆柱体"命令创建一个圆柱体特征。

单击"造型"选项卡"基础造型"面板中的"圆柱体"按钮 ，弹出"圆柱体"对话框，如图5-3所示。该对话框中部分项的含义如下所述。

（1）中心：选择圆柱体的中心点。

（2）半径/直径：设置圆柱体的半径/直径。单击其后的"半径/直径"按钮 R/φ，进行半径和直径切换。单击其后的下拉按钮，在弹出的下拉菜单中可选择多种定义半径/直径的方式，可输入一个值或直接输入一个现有变量名称到文本输入框，也可右击引用一个现有标注值或表达式。

（3）长度：设置圆柱体的高度值。可输入一个值或直接输入一个现有变量名称到文本输入框或右击引用一个现有标注值或表达式。

（4）方向：通过矢量方向控制圆柱体的定位。单击其后的"反向"按钮，反向圆柱体方向。单击下拉按钮，弹出下拉列表，可在列表中选择参数定义圆柱体的方向，如图5-4所示。

以六面体上表面中心点为中心绘制的半径为10 mm，高度为20 mm的圆柱体如图5-5所示。

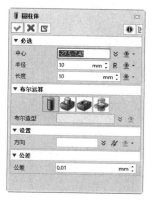

图5-3　"圆柱体"对话框

图5-4　定义方向下拉列表

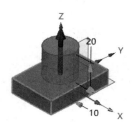

图5-5　圆柱体示例

三、圆锥体

使用"圆锥体"命令创建一个圆锥体特征。

单击"造型"选项卡"基础造型"面板中的"圆锥体"按钮，弹出"圆锥体"对话框，如图5-6所示。该对话框中部分选项含义参照"圆柱体"中的选项介绍。如图5-7所示为底面半径为20 mm，顶面半径为6 mm，高度为50 mm的圆锥体。

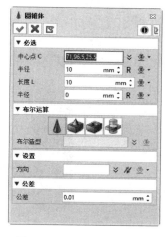

图5-6　"圆锥体"对话框

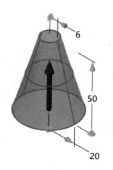

图5-7　圆锥体示例

四、球体

使用"球体"命令创建一个球体特征。

单击"造型"选项卡"基础造型"面板中的"球体"按钮●，弹出"球体"对话框，如图 5-8 所示。指定中心点和半径/直径绘制球体，如图 5-9 所示。

图 5-8　"球体"对话框

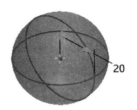

图 5-9　球体示例

五、椭球体

使用"椭球体"命令创建一个椭球体特征。

单击"造型"选项卡"基础造型"面板中的"椭球体"按钮●，弹出"椭球体"对话框，如图 5-10 所示。指定中心点、长轴和短轴创建椭球体，如图 5-11 所示。

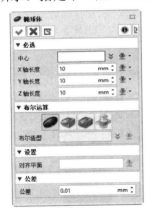

图 5-10　"椭球体"对话框

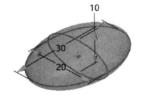

图 5-11　椭球体示例

案例——三通

本案例创建如图 5-12 所示的三通。

（1）创建圆柱体 1。以原点为中心创建半径为 13 mm，高度为 80 mm 的圆柱体 1，如图 5-13 所示。

（2）创建圆柱体 2 和 3。分别以圆柱体 1 的两端中心为中心创建半径为 16 mm 高度为 5 mm 的圆柱体 2，单击"反向"按钮，调整圆柱体方向向下。布尔运算选择"加运算"。使用同样的方法创建圆柱体 3。圆柱体 2、3 如图 5-14 所示。

图 5-12　三通

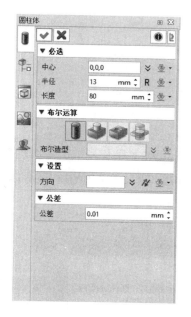
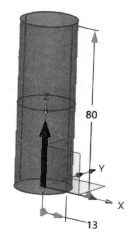
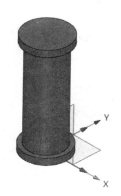

图5-13　创建圆柱体1　　　　　　　　　　**图5-14　圆柱体2、3**

（3）创建圆柱体4。以绝对坐标（0,0,30）为中心绘制半径为13 mm，高度为40 mm，方向选择 X 轴。

（4）创建圆柱体5。以圆柱体4的端面中心为中心创建半径为16 mm，高度为5 mm 的圆柱体5，单击"反向"按钮，调整圆柱体方向向内，如图5-15 所示。

（5）创建圆柱体6。以原点为中心创建半径为10 mm，高度为80 mm 的圆柱体6，布尔运算选择"减运算"。

（6）创建圆柱体7。以绝对坐标值（0,0,40）为中心绘制半径为10 mm，高度为80 mm 的圆柱体7，布尔运算选择"减运算"，如图5-16 所示。

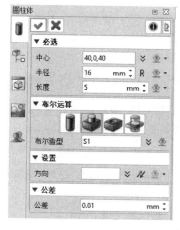

图5-15　创建圆柱体5　　　　　　　　　　**图5-16　圆柱体7**

任务2　特征造型

任务引入

小明学习了中望 3D 2024 的基础造型技能后，意识到要创建更加复杂和精细的三维模型，需要进一步学习特征造型。那么如何使用草图创建自定义的特征，并将它们应用到现有的模型上呢？

知识准备

在中望 3D 2024 中，除了圆柱体、球体等基础造型，还提供了拉伸、旋转、扫掠等操作命令来构建更为复杂的三维模型。这些命令极大地丰富了中望 3D 2024 的造型能力，使得从简单的基本形状到复杂的产品零件都能够高效准确地建模。

一、拉伸

"拉伸"命令是将一个二维平面草图，按照给定的数值沿与平面垂直的方向拉伸一段距离而形成拉伸特征。

单击"造型"选项卡"基础造型"面板中的"拉伸"按钮🗔，弹出"拉伸"对话框，如图5-17 所示。该对话框中各项的含义如下所述。

（1）轮廓 P：选择要拉伸的草图轮廓或单击鼠标中键，弹出"草图"对话框，如图5-18 所示。选择基准面绘制草图。

（2）拉伸类型：软件中提供了4 种拉伸类型。

①1 边：拉伸的起始点默认为所选的轮廓位置，通过定义拉伸的结束点确定拉伸的长度。操作示例如图5-19（a）所示。

②2 边：通过定义拉伸的开始点和结束点，确定拉伸的长度。操作示例如图5-19（b）所示。

③对称：与1 边方式类似，但会沿反方向拉伸同样的长度。操作示例如图5-19（c）所示。

④总长对称：通过定义总长的方式进行对称拉伸。操作示例如图5-19（d）所示。

（3）起始点 S、结束点 E：起始点、结束点用于指定拉伸特征的开始和结束位置。单击其后的下拉按钮，在打开的下拉列表中列出了输入选项，如图5-20 所示。其中到面和到延伸面的含义如下。

①到面：拉伸特征到指定的面，特征轮廓拉伸到该面停止，如图5-21（a）所示。

②到延伸面：拉伸特征到指定面的延伸位置，特征轮廓拉伸到延伸面停止，如图5-21（b）所示。

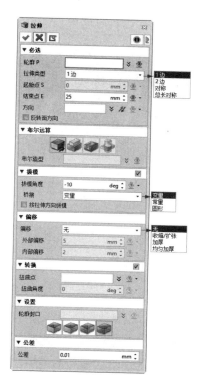

图5-17 "拉伸"对话框

图5-18 "草图"对话框

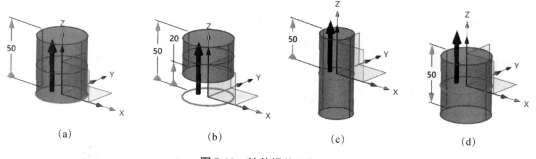

(a)   (b)   (c)   (d)

图5-19 拉伸操作示例

图5-20 输入选项

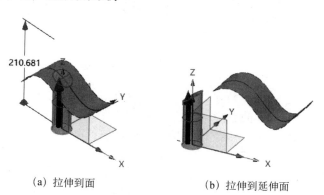

(a) 拉伸到面   (b) 拉伸到延伸面

图5-21 示例

　　（4）方向：方向用于指定拉伸方向。单击其后的"反向"按钮，可反向当前方向。单击其后的下拉按钮 ，可在弹出的输入选项中选择要拉伸的方向，如图5-22所示。

　　（5）拔模：勾选"拔模"复选框，输入所需的拔模角度，可接受正值和负值。正值会使特征沿拉伸的正方向增大。负值则沿其反方向增大，单击其后的下拉按钮，在弹出的下拉列表中选择拔模角度的输入选项，如图5-23所示。

图5-22　方向输入选项

图5-23　拔模角度的输入选项

　　（6）偏移：指定一个应用于曲线、曲线列表、开放或闭合的草图轮廓的偏移方法和距离。

　　①无：不创建偏移，如图5-24（a）所示。

　　②收缩/扩张：通过收缩/扩张轮廓创建一个偏移。负值则向内部收缩轮廓，正值则向外部扩张轮廓，需要设置"外部偏移"值，如图5-24（b）所示。开放轮廓的凹的一侧定为内部，或封闭轮廓的内侧定为内部。

　　③加厚：为轮廓创建一个由两个距离值决定的厚度。偏移1向外部偏移轮廓，偏移2向内部偏移轮廓，负值则往相反方向偏移轮廓，需要设置"外部偏移"值和"内部偏移"值。如图5-24（c）所示。

　　④均匀加厚：创建一个关于轮廓的均匀厚度。总厚度等于设置距离的两倍，需要设置"外部偏移"值，如图5-24（d）所示。

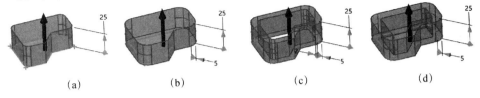

(a)　　　　　　(b)　　　　　　(c)　　　　　　(d)

图5-24　偏移操作示例

　　（7）转换：勾选该复选框，激活该选项组。在创建拉伸特征时，对其进行扭曲。需要设置扭曲点和扭曲角度。

　　（8）轮廓封口：对于基体操作，选择裁剪并封闭造型的面，轮廓必须闭合且与所选面相交。对于加运算操作，如果是闭合轮廓，使用该选项裁剪并封闭造型；如果是开放轮廓，则指定造型的边界。软件提供了4个选项，具体含义如下所述。

　　①两端封闭 ：拉伸实体的两端封闭，如图5-25（a）所示。

　　②起始端封闭 ：拉伸实体的起始端封闭，结束端开放，如图5-25（b）所示。

③末端封闭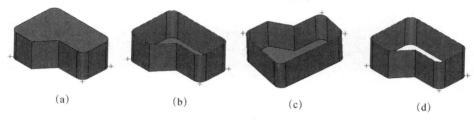：拉伸实体的起始端开放，结束端封闭，如图5-25（c）所示。

④开放：拉伸实体的两端开放，如图5-25（d）所示。

(a)　　　　　　　(b)　　　　　　　(c)　　　　　　　(d)

图5-25　轮廓封口操作示例

二、旋转

"旋转"命令是由草图绕中心线旋转而形成的特征，旋转特征适合构造回转体零件。对于闭合轮廓，生成的是实体；对于开放轮廓，生成的是曲面。

实体旋转特征的草图可以包含一个或多个闭环的非相交轮廓。对于包含多个轮廓的基体旋转特征，其中一个轮廓必须包含其他所有轮廓。如果草图包含一条以上的中心线，则选择一条中心线用作旋转轴。

单击"造型"选项卡"基础造型"面板中的"旋转"按钮，系统弹出"旋转"对话框，如图5-26所示。对话框中部分项的含义如下所述。

（1）轮廓P：用于选择要旋转的轮廓。

（2）轴A：用于指定旋转轴。可选择一条线，或单击其后的下拉按钮，在弹出的输入选项下拉列表中选择。

（3）旋转类型：指定旋转的方法。主要包括以下3种。

①1边：只能指定旋转的结束角度，如图5-27（a）所示。

②2边：可以分别指定旋转的起始角度和结束角度，如图5-27（b）所示。

③对称：与1边类型相似，但在反方向也会旋转同样的角度，如图5-27（c）所示。

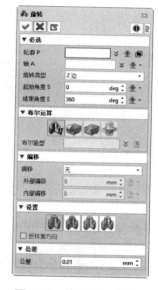

图5-26　"旋转"对话框

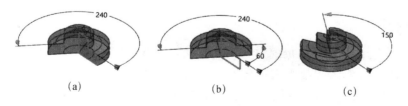

(a)　　　　　　　　(b)　　　　　　　　(c)

图5-27　旋转类型示例

三、扫掠

"扫掠"命令是用一个开放或闭合的轮廓和一条扫掠路径，创建简单扫掠。该路径可以是线框几何体、面边线、草图或曲线列表。

单击"造型"选项卡"基础造型"面板中的"扫掠"按钮，弹出"扫掠"对话框，如

图5-28所示。该对话框中部分项的含义如下所述。

（1）轮廓P1：选择要扫掠的轮廓，可以选择线框几何体、面边线、草图及开放或封闭的造型。

（2）路径P2：选择一个靠近扫掠轨迹开始端的点。通过右击，或单击其后的下拉按钮，在弹出的下拉列表中选择"插入曲线列表"命令，如图5-29所示。弹出"插入曲线列表"对话框，如图5-30所示。在该对话框中可以选取多线框实体，扫掠的路径必须是相切连续。扫掠操作示例如图5-31所示。

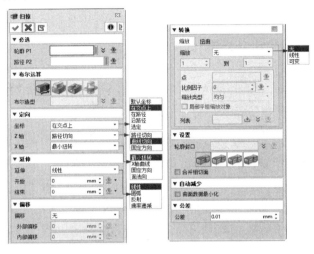

图5-28　"扫掠"对话框

图5-29　下拉列表　　　图5-30　"插入曲线列表"对话框　　　图5-31　扫掠操作示例

四、变化扫掠

在中望3D 2024中，以扫掠的方式创建实体特征或曲面特征时，扫掠截面必须垂直于轨迹线才能生成。但实际情况中大部分零件的剖面与轨迹线并不垂直，此时必须以可变截面扫掠的方式进行实体或曲面特征的创建，才能达到所需的建模效果。在中望3D 2024中，实现可变截面扫掠的功能名为"变化扫掠"。使用变化扫掠需要控制路径、2D轮廓、定向这3个要素。

变化扫掠与扫掠方法比较相似，其不同之处在于变化扫掠的轮廓若与外部几何图形有参照关系（多条扫掠路径），沿扫掠路径的轮廓会随着外部图形变化而变化，如果只是一条扫掠路径情况下，生成的实体和恒定截面扫掠是一样的。

单击"造型"选项卡"基础造型"面板中的"变化扫掠"按钮，弹出"变化扫掠"对话框，如图5-32所示。从对话框可以看出变化扫掠的设置选项比扫掠少，不能设置偏移、缩放和扭曲等选项。

在草绘扫掠路径的时候，路径的外形尺寸不能超过扫掠轮廓的最大外形，路径可以相切，路径尺寸不需要闭合但连接处必须圆滑过渡。

"变化扫掠"对话框中部分项的含义如下所述。

（1）2D轮廓：选取一个要扫掠的轮廓。可选择一个已经绘制好的草图，也可以插入草图。

（2）路径：在扫掠路径的开始端附近选择一个点。可选择线框曲线、面边、草图几何体。

（3）坐标：可对变化扫掠过程中使用的参考坐标系进行定义。在扫掠过程中，参考坐标的X轴和Z轴分别由X轴和Z轴选项控制。

①在交点上：该坐标建立在轮廓平面与扫掠曲线的交点上。如果未发现相交，则将坐标位于路径的开始点。

②在路径：该坐标位于扫掠路径的开始点。

变化扫掠操作示例如图5-33所示。

图5-32　"变化扫掠"对话框

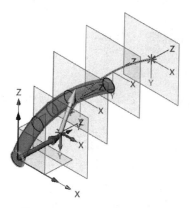

图5-33　变化扫掠操作示例

五、螺旋扫掠

通过沿轴的一个线性方向旋转闭合轮廓新建一个螺旋扫掠基础特征。此功能可以用于制作螺纹或任何其他在线性方向旋转的造型，如弹簧和线圈。用户也可以为该特征设置锥度属性。

单击"造型"选项卡"基础造型"面板中的"螺旋扫掠"按钮，弹出"螺旋扫掠"对话框，如图5-34所示。该对话框中部分项的含义如下所述。

（1）必选：必须设置的选项。

①轮廓P：选择旋转实体的轮廓。可以使用线框几何图形、面边界、草图或曲线列表。

②轴A：选择旋转轴。可以选择线或线性面边。会显示一个箭头表示轴方向。

③匝数 T：设置螺旋圈数。

④距离 D：设置螺旋的螺距。

（2）收尾：设置螺旋收尾是否引入引出。

①向内：对于螺旋扫掠和螺纹加运算，螺旋朝轴的中心向内过渡。

②向外：对于螺纹剪切，螺旋朝轴的中心往外过渡。

③无：不进行引入引出。

（3）半径与角度：如果"收尾"选项选择了"向内"或"向外"，则输入过渡的半径与角度。半径决定轴点，角度规定轮廓旋转的度数。对"向外"，角度以距旋转轴最远的轮廓点决定。对"向内"，角度则以最近的轮廓点决定。

（4）结束：设置结束端收尾情况。螺栓扫掠示例如图 5-35 所示。

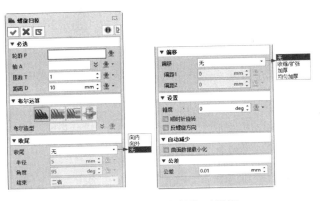

图 5-34　"螺旋扫掠"对话框

图 5-35　螺栓扫掠示例

六、放样

放样是指连接多个剖面或轮廓形成的基体、凸台或切除，通过在轮廓之间进行过渡来生成特征。

单击"造型"选项卡"基础造型"面板中的"放样"按钮◎，弹出"放样"对话框，如图 5-36（a）所示。该对话框中部分项的含义如下所述。

（1）放样类型：包括轮廓、起点和轮廓、终点和轮廓、两端点和轮廓。

①轮廓：按需要的放样顺序来选择轮廓，确保放样的箭头指向同一个方向。此时，"必选"选项组如图 5-36（a）所示；放样类型操作示例如图 5-37（a）所示。

②起点和轮廓：选择放样的起点并按顺序选择要放样的轮廓。此时，"必选"选项组如图 5-36（b）所示；放样类型操作示例如图 5-37（b）所示。

③终点和轮廓：按顺序选择要放样的轮廓并选择放样的终点。此时，"必选"选项组如图 5-36（c）所示；放样类型操作示例如图 5-37（c）所示。

④两端点和轮廓：选择放样的起点、终点和要放样的轮廓。此时，"必选"选项组如图 5-36（d）所示；放样类型操作示例如图 5-37（d）所示。

（2）连续方式：在放样的两端指定连续性级别。可供选择的选项有无、相切、曲率和流 4 种，如图 5-38 所示。

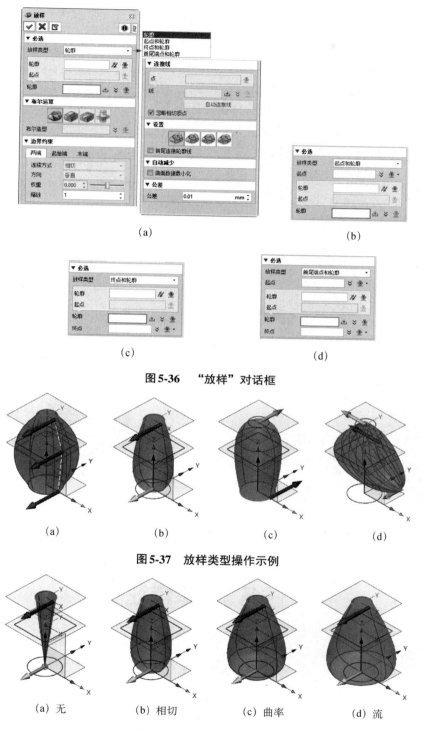

图 5-36 "放样"对话框

图 5-37 放样类型操作示例

（a）无 （b）相切 （c）曲率 （d）流

图 5-38 连续方式操作示例

七、双轨放样

使用"双轨放样"命令，在两条曲线路径（轨迹）之间创建穿过一条或多条截面曲线的双轨放样面。

　　单击"造型"选项卡"基础造型"面板中的"双轨放样"按钮 ，弹出"双轨放样"对话框，如图5-39所示。该对话框中部分项含义如下。

　　（1）路径1和路径2：选择第一条和第二条路径。可使用线框曲线、面边界、草图、曲线列表或分型线。轨迹也形成圆柱体或圆锥体的一部分。

　　（2）轮廓：选择一个或一个以上截面轮廓。支持线框曲线、面边界、草图和分型线。

　　双轨放样操作示例如图5-40所示。

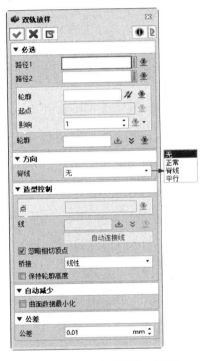

图5-39　"双轨放样"对话框　　　　　　　　图5-40　双轨放样操作示例

任务3　库特征

任务引入

　　使用传统的基础三维建模技术来绘制齿轮和蜗轮蜗杆等零件非常费时费力。传统的建模方法通常要求设计者具备较高的绘图技能、精确的计算能力以及对复杂几何形状的深入理解。设计过程中，每次修改都可能导致重新绘制零件，这不仅效率低下，而且容易出错。相比之下，使用中望3D 2024库特征中的圆柱齿轮、圆锥齿轮和蜗轮蜗杆命令可自动生成准确的模型，大大节省设计时间。那么小明该如何使用这些命令呢？

知识准备

利用库特征创建圆柱齿轮、圆锥齿轮和蜗轮蜗杆不仅简化了设计流程，还提高了设计的质量和效率。对于希望快速响应市场需求并保持竞争优势的工程师而言，这是一个极具价值的工具。

一、圆柱齿轮

圆柱齿轮作为机械齿轮中的重要的一种齿轮类型，更是最为普遍的一种齿轮样式，使用"圆柱齿轮"命令可以创建圆柱齿轮。

单击"工具"选项卡"库"面板中的"圆柱齿轮"按钮，弹出"圆柱齿轮"对话框，如图5-41所示。该对话框中提供了"外啮合齿轮机构"、"内啮合齿轮机构"、"齿轮与齿条机构"的创建方法。指定插入点、方向和模数等参数即可创建圆柱齿轮，圆柱齿轮内啮合操作示例如图5-42所示。

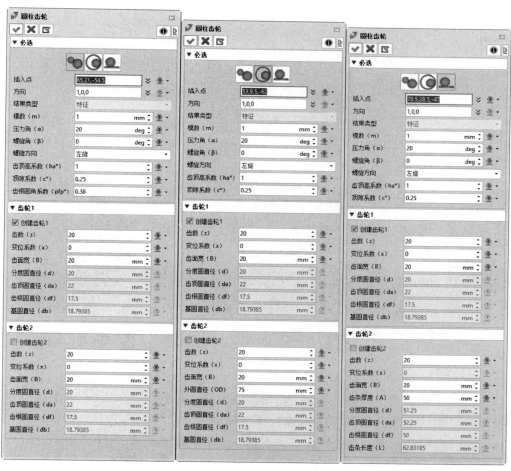

图5-41 "圆柱齿轮"对话框

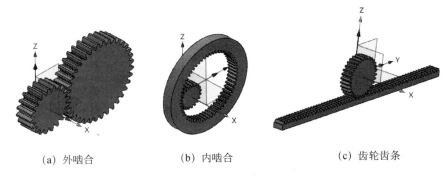

(a) 外啮合　　　　　　　　(b) 内啮合　　　　　　　　(c) 齿轮齿条

图5-42　圆柱齿轮啮合操作示例

二、圆锥齿轮

圆锥齿轮是在相交的两轴之间传递运动的圆锥形齿轮，是机械传动的一种重要形式，常被应用于机械制造产品和动力传递装置上。使用"圆锥齿轮"命令可以创建圆锥齿轮。

单击"工具"选项卡"库"面板中的"圆锥齿轮"按钮💎，弹出"圆锥齿轮"对话框，如图5-43 所示。圆锥齿轮示例如图5-44 所示。

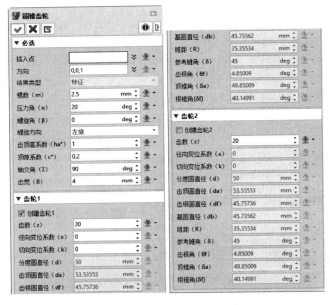

图5-43　"圆锥齿轮"对话框

图5-44　圆锥齿轮示例

三、蜗轮蜗杆

蜗轮蜗杆结构常用来传递两交错轴之间的运动和动力。蜗轮与蜗杆在其中间平面内的作用相当于齿轮与齿条，蜗杆又与螺杆形状相似。使用"蜗轮蜗杆"命令可以创建蜗轮蜗杆。

单击"工具"选项卡"库"面板中的"蜗杆"按钮🐌，弹出"蜗杆"对话框，如图5-45 所示。指定插入点、方向和模数等参数即可创建蜗轮蜗杆，蜗轮蜗杆操作示例如图5-46 所示。

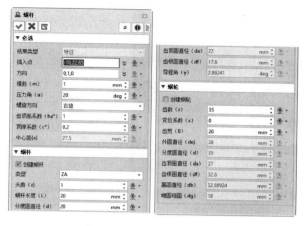

图5-45　"蜗杆"对话框

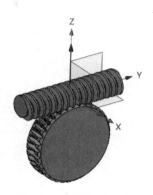

图5-46　蜗轮蜗杆示例

项 目 实 战

实战　钻头

本实战的内容为创建图5-47所示的钻头。

图5-47　钻头

【操作步骤】

（1）沿Z轴方向创建圆柱体，高度设置为50 mm，如图5-48所示。

（2）在圆柱体下端面绘制草图1，如图5-49所示，单击"造型"选项卡"基础造型"面板中的"拉伸"按钮，创建拉伸切除特征，高度设置为50 mm，结果如图5-50所示。

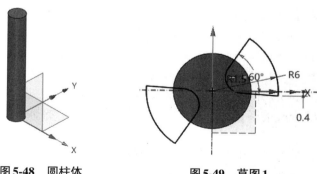

图5-48　圆柱体　　　　　图5-49　草图1

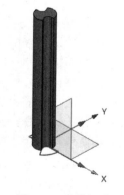

图5-50　拉伸切除1

（3）在圆柱体下端面绘制草图2，如图5-51所示。单击"造型"选项卡"基础造型"面板中的"拉伸"按钮，创建拉伸切除特征，高度设置为50 mm，结果如图5-52所示。

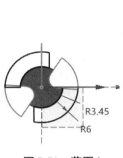

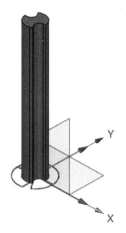

图5-51　草图2　　　　　　　　　　　　　　　　图5-52　拉伸切除2

（4）单击"造型"选项卡"变形"面板中的"扭曲"按钮，弹出"扭曲"对话框，参数设置如图5-53所示。

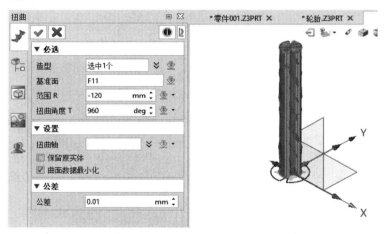

图5-53　扭曲参数设置

（5）在"默认CSYS_XZ"的基准面上绘制草图3，如图5-54所示。单击"造型"选项卡"基础造型"面板中的"旋转"按钮，弹出"旋转"对话框，参数设置如图5-55所示。

（6）在"默认CSYS_XZ"的基准面上绘制草图4，如图5-56所示。单击"造型"选项卡"基础造型"面板中的"旋转"按钮，弹出"旋转"对话框，参数设置如图5-57所示。

（7）重复上述步骤绘制草图5，如图5-58所示。再将其旋转切除，效果如图5-59所示。

（8）在圆柱体的顶面绘制直径为7.1 mm的圆作为草图6，并对其进行拉伸，拉伸高度为50 mm，效果如图5-60所示。

（9）选择如图5-60所示的面绘制草图7，利用"偏移"命令拾取轮廓，进行偏移，偏移距离为0，并将其与半径为6 mm的圆进行修剪/延伸成角，如图5-61所示。

（10）单击"造型"选项卡"基准面"面组中的"基准面"按钮，以拉伸实体的顶面为参考面，创建平面1，偏移距离设置为-35 mm，如图5-62所示。

（11）在平面1上绘制点，如图5-63所示。

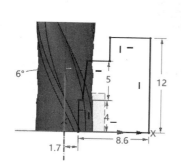

图5-54　草图3

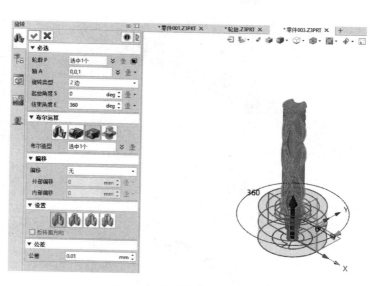

图5-55　旋转切除参数设置1

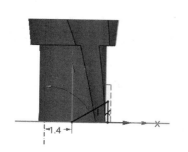

图5-56　草图4

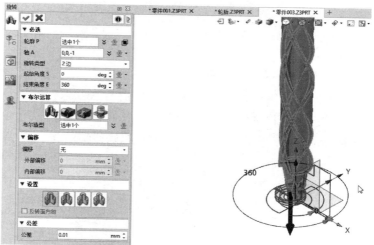

图5-57　旋转切除参数设置2

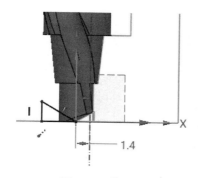

图5-58　草图5

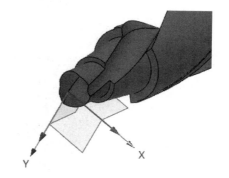

图5-59　旋转切除结果

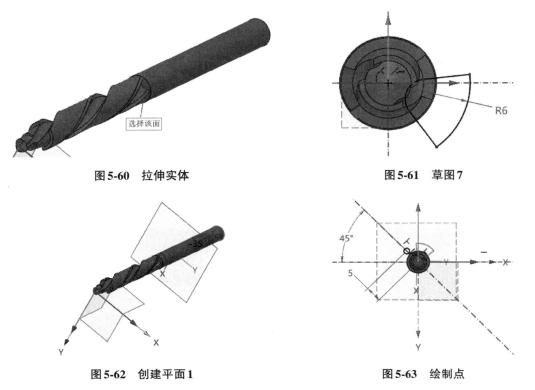

图 5-60   拉伸实体   图 5-61   草图 7

图 5-62   创建平面 1   图 5-63   绘制点

（12）单击"造型"选项卡"基础造型"面板中的"放样"按钮 ，弹出"放样"对话框，参数设置如图 5-64 所示。

（13）采用同样的方法，创建另一侧的放样切除，效果如图 5-65 所示。

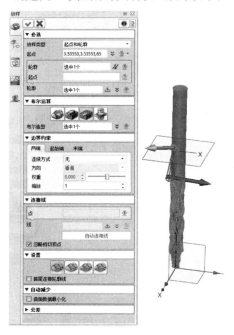

图 5-64   放样参数设置

图 5-65　放样切除

项目六 工程特征与特征编辑

素质目标

➤ 培养自主学习能力和良好的学习习惯
➤ 及时关注行业动态，了解行业发展趋势，推陈出新

技能目标

➤ 工程特征
➤ 编辑模型工具
➤ 基础编辑工具

项目导读

工程特征是指因实际工程需要而创建的特征，如倒角、圆角、拔模等。这些特征通常都有工程普遍应用的背景。

任务1 工程特征

任务引入

小明在进行实体造型的过程中发现，简单的实体造型和特征造型不能满足设计要求，还需要对模型进行微调以满足设计规范和功能要求。那么，小明该如何确保他的设计不仅在视觉上吸引人，而且在技术上也符合必要的标准和性能要求呢？

知识准备

在中望 3D 2024 中，除了利用实体建模功能创建基础造型，还可通过圆角、倒角、孔、拔模等功能来实现产品的辅助设计。这些功能使得模型的创建更加精细化，可以更广泛地应用于各行各业。

一、圆角

"圆角"命令用于创建不变与可变的圆角、桥接转角。

单击"造型"选项卡"工程特征"面板中的"圆角"按钮，弹出"圆角"对话框，如图6-1所示。该对话框中提供了4种创建圆角的方法。

（1）圆角：在所选边创建圆角。单击"圆角"按钮，对话框如图6-1所示。

在对话框的顶端，单击"完全回应"按钮F，可将其切换为"部分回应"按钮P，再次单击"部分回应"按钮P切换为"无回应"按钮O。其中完全回应即显示全预览的效果，部分回应即显示部分预览的效果，无回应即无预览效果。

该对话框中部分项的含义如下所述。

①边E：选择圆角的边。

②半径R：指定圆角半径。

③弦圆角：勾选该复选框，可使创建的圆角两条边距离均匀。此时，不需要设置圆角半径，而需要设置弦圆角半径，如图6-2所示。

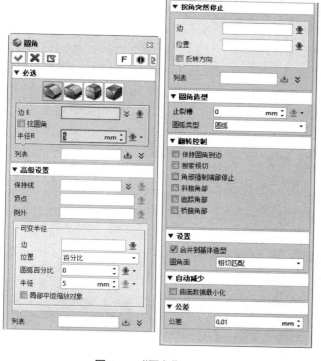

图6-1　"圆角"对话框

图6-2　设置弦圆角半径

④列表：使用列表在一个圆角命令中存储边、半径等信息。该列表支持存储为不同的圆角边设置不同的半径，也支持设置每个倒角边的方向等。

（2）椭圆圆角：创建一个椭圆圆角特征。单击"椭圆圆角"按钮，弹出的对话框如图6-3所示。该对话框中部分项的含义如下所述。

①倒角距离：指定第一个圆角距离。该距离与第二个圆角距离或选择的角度一起，共同决定椭圆圆角的大小。

②角度：设置圆角角度。椭圆圆角操作示例如图6-4所示。

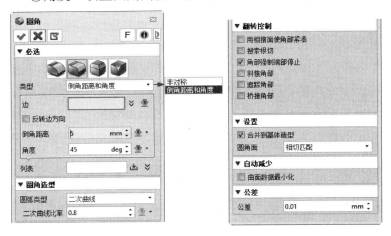

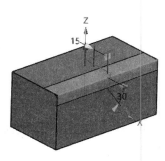

图6-3　椭圆圆角　　　　　　　　　　　　图6-4　椭圆圆角操作示例

（3）环形圆角：沿面的环形边创建一个固定半径圆角。环形圆角相比单独圆角有一定的优势。可通过选择面，来选择所有的边。

单击"环形圆角"按钮，弹出的对话框如图6-5所示。对话框中各项的含义如下所述。

①面：选择要倒圆角的面。

②环形：指定要倒圆角的面环。可选择内部、外部、共有、边界、全部或选定。环形圆角操作示例如图6-6所示。

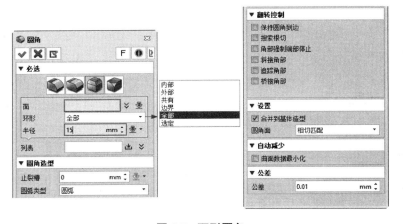

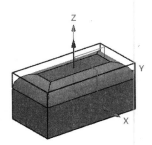

图6-5　环形圆角　　　　　　　　　　　　图6-6　环形圆角操作示例

（4）顶点圆角：在一个或多个顶点处创建圆角。单击"顶点圆角"按钮，弹出的对话框如图6-7所示。对话框中各项的含义如下所述。

①顶点：选择要创建圆角的顶点。

②倒角距离：指定圆角的距离。顶点圆角操作示例如图6-8所示。

图6-7 顶点圆角

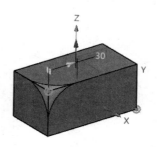

图6-8 顶点圆角操作示例

二、面圆角

使用"面圆角"命令，可在两个面之间创建圆角。

单击"造型"选项卡"工程特征"面板中的"面圆角"按钮 ，弹出"面圆角"对话框，如图6-9所示。对话框中各项的含义如下所述。

（1）支撑面：选择两个面作为支撑面，可以在两个支撑面之间对其相切面倒圆角。

（2）相切面：对与两个支撑面相切的面倒圆角。

（3）半径：指定圆角半径。

面圆角操作示例如图6-10所示。

图6-9 "面圆角"对话框

图6-10 面圆角操作示例

三、倒角

"倒角"命令用于创建等距、不等距倒角。

单击"造型"选项卡"工程特征"面板中的"倒角"按钮 ，弹出"倒角"对话框，如图6-11所示。对话框中提供了3种创建倒角的方法，具体含义如下所述。

（1）倒角 ：在所选的边上倒角。通过该命令创建的倒角是等距的，即在共有同一条边的两个面上，倒角的缩进距离一致。

（2）不对称倒角🔷：根据所选边上的两个倒角距离创建一个倒角。

（3）顶点倒角🔷：在一个或多个顶点处创建倒角。类似于切除实体的角生成一个平面倒角面。

倒角操作示例如图6-12所示。

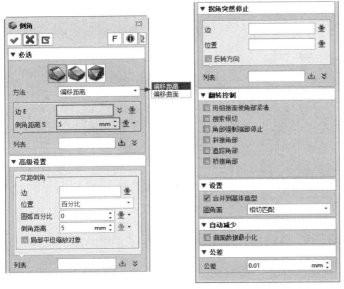

图6-11　　"倒角"对话框

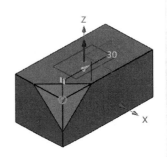

图6-12　倒角操作示例

四、拔模

"拔模"命令用于为所选实体创建一个拔模特征。

单击"造型"选项卡"工程特征"面板中的"拔模"按钮🔷，弹出"拔模"对话框，如图6-13所示。对话框中提供了3种创建拔模的方法，具体如下。

方法一：边🔷。该方法可以选择分型线、基准面、边或面等实体进行拔模。其对话框如图6-13所示。

（1）类型：选择拔模类型。

①对称拔模：设定的两个拔模面使用同一个拔模角度，如图6-14（a）所示。

②非对称拔模：设定的两个拔模面使用各自设定的拔模角度，如图6-14（b）所示。

（2）边：选择要进行拔模的边。

（3）角度：设置拔模角度。

（4）方向P：选择拔模方向。如果要浇铸零件，则拔模方向应该是零件从模具中抽取的方向。如果该字段为空且在"拔模边 S"字段中第一个实体是一个平面，则默认的拔模方向是平面法向；否则默认方向是 LCS 的 Z 轴。

（5）拔模边 S：设置拔模方式，包括顶面、底面、分割边和中性面4种。

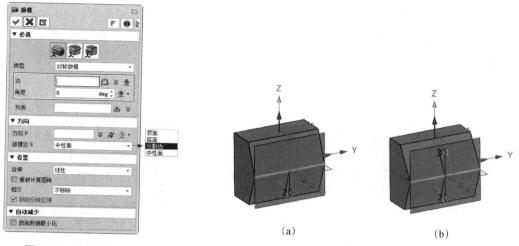

图6-13　"拔模"对话框　　　　图6-14　拔模类型操作示例

方法二：面。该方法选择分型面进行拔模。其对话框如图6-15所示。

（1）类型：选择拔模类型。

①固定对称：选择固定面，设定两个拔模面使用同一个拔模角度，如图6-16（a）所示。

②固定非对称：选择固定面，设置两个拔模面分别使用各自设定的拔模角度，如图6-16（b）所示。

③固定和分型：选择固定面和分型面进行拔模，如图6-16（c）所示。

（2）固定面：选择固定面。

（3）分型面：当拔模类型为"固定和分型"时，选择分型面。

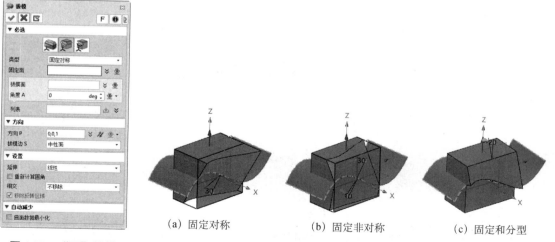

（a）固定对称　　　　　（b）固定非对称　　　　　（c）固定和分型

图6-15　"面"拔模　　　　图6-16　拔模类型操作示例

方法三：分型边。该方法选择分型边进行拔模。

单击"分型边"按钮，其对话框如图6-17所示。

（1）固定平面：选择拔模固定面。

（2）边：选择分型边。分型边拔模操作示例如图6-18所示。

图6-17 "分型边"拔模

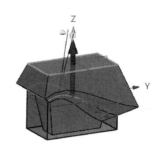

图6-18 分型边拔模操作示例

五、孔

单击"造型"选项卡"工程特征"面板中的"孔"按钮 🖩，弹出"孔"对话框，如图6-19所示。

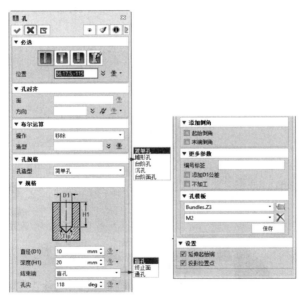

图6-19 "孔"对话框

使用"孔"命令，可创建常规孔、间隙孔、螺纹孔和轮廓孔，并支持不同的孔造型，包括简单孔、锥形孔、沉孔、台阶孔和台阶面孔。这些孔有不同的结束端类型，包括盲孔、终止面和通孔。下面以常规孔为例进行介绍。

（1）位置：选择孔位置。可以创建多个孔，但是所有的孔被认为是一个有相同标注值的特征。

（2）面：选择孔特征的基面。可以是基准面或者草图。孔的深度是从该基面开始计算，孔轴将与该基面的法线方向对齐。如果基面是一个面，孔将位于该面上。如果没有选择放置面，则每个孔的位置点将作为测量孔深度和孔方向的基面。

（3）方向：选择孔的中心线方向。默认情况下，孔特征垂直于放置面。

（4）操作：选择创建孔特征的布尔运算操作，有两种选择，分别为移除和无。选择移除，则激活下面的造型选项，选择要创建孔的造型；选择无，创建独立的孔特征。

（5）造型：选择要创建孔的造型。不指定则默认选择所有的造型。只有在操作选择移除后，该选项才被激活。

（6）孔造型：当创建常规孔和螺纹孔时，该选项可设置孔类型为简单孔、锥形孔、台阶孔、沉孔和台阶面孔；当创建间隙孔时，该选项可设置孔类型为简单孔、台阶孔、沉孔、槽、锥孔槽和柱孔槽。

（7）规格：设置孔的尺寸参数。根据孔类型和孔造型不同，该参数有所差异。

（8）添加倒角：设置孔起始端、中端或末端倒角。

六、筋

使用"筋"命令，用一个开放轮廓草图创建一个筋特征。

单击"造型"选项卡"工程特征"面板中的"筋"按钮 🐾，弹出"筋"对话框，如图6-20所示。对话框中各项的含义如下所述。

（1）布尔造型：选择一个造型。仅支持单一对象输入。

（2）轮廓P1：选择一个定义了筋轮廓的开放草图，或右击，在弹出的快捷菜单中选择插入草图。

（3）方向：指定筋的拉伸方向，并用一个箭头表示该方向。

①平行表示拉伸方向与草图平面法向平行，如图6-21所示。

②垂直表示拉伸方向与草图平面法向垂直。

（4）宽度类型：指定筋的宽度类型。可以选择第一边、第二边或两者。

（5）宽度W：指定筋宽度。

图6-20　"筋"对话框

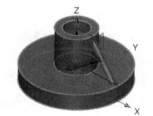

图6-21　筋操作示例

（6）角度A：输入拔模角度。

（7）参考平面P2：如果指定了一个角度，则选择参考平面。该平面可以是基准面或普通平面。

（8）边界面 B：指定筋的边界面。

（9）反转材料方向：勾选该复选框，反转筋的拉伸方向。

七、网状筋

使用"网状筋"命令可创建一个网状筋。该命令支持用多个轮廓来定义网状筋。每个轮廓均可用于定义不同宽度的筋剖面，也可使用一个单一轮廓来指定筋宽度。

单击"造型"选项卡"工程特征"面板中的"网状筋"按钮，弹出"网状筋"对话框，如图6-22所示。对话框中各项的含义如下所述。

（1）布尔造型：选择一个造型。仅支持单一对象输入。

（2）轮廓：选取一个轮廓作为筋特征。单击鼠标中键结束，还可继续选择其他轮廓。

（3）加厚：该输入项用于加厚轮廓。每个轮廓表示一组没有自交叉的筋。每个草图或轮廓可拥有不同的厚度。如果轮廓或草图是一个闭合的环，厚度可等于0。

图6-22　"网状筋"对话框

（4）起点：指定网状筋的开始位置。

（5）端面：指定网状筋的结束面。指定一个端面后，不可反转方向。

（6）拔模角度：指定网状筋拔模角度。

（7）边界：选择网状筋与零件相交的所有边界面。

（8）反转方向：反转网状筋的拉伸方向。

网状筋操作示例如图6-23所示。

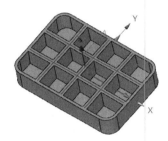

图6-23　网状筋操作示例

八、螺纹

使用"螺纹"命令，通过围绕圆柱面旋转一个闭合面，并沿着其线性轴，新建一个螺纹造型特征。此命令可用于制作螺纹特征或任何其他在线性方向上旋转的造型。

单击"造型"选项卡"工程特征"面板中的"螺纹"按钮，弹出"螺纹"对话框，如图6-24所示。该对话框中各项的含义如下所述。

（1）面 F：在坯料上选择圆柱面。

（2）轮廓 P：选择螺纹的轮廓。可选择一个草图、曲线、边或一个曲线列表。

（3）匝数 T：指定螺纹匝数。

（4）距离 D：指定沿轴方向的距离。在轴箭头方向测量的距离为正距离。

（5）收尾：使用此选项指定进退刀的位置。可选择空、起点、终点或两端。

（6）半径：如果选择了收尾，指定转换的半径。它决定了进刀/退刀的支点，并影响进刀/退刀过渡的造型。如果没有指定进退刀，则跳过此选项。对于进刀，支点半径从轮廓上最靠近旋转轴的点开始测量；对于退刀，用轮廓上最远离轴的点测量。

螺纹操作示例如图6-25所示。

图6-24　"螺纹"对话框

图6-25　螺纹操作示例

九、唇缘

使用"唇缘"命令，基于两个偏移距离沿着所选边新建一个常量唇缘特征。在此命令中，选中一个边后，用户需要定义偏移值的起始边。

单击"造型"选项卡"工程特征"面板中的"唇缘"按钮，弹出"唇缘"对话框，如图6-26所示。该对话框中各项的含义如下所述。

（1）边E：选择应用唇缘特征的边，然后选择起始偏移面。

（2）偏移1 D1：指定边与起始偏移面偏移距离。

（3）偏移2 D2：指定唇缘的深度值。

唇缘操作示例如图6-27所示。

图6-26　"唇缘"对话框

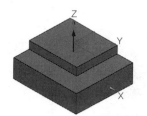

图6-27　唇缘操作示例

案例——基座

本案例绘制的基座如图6-28所示。

（1）绘制草图1。单击"造型"选项卡"基础造型"面板中的"草图"按钮，选择"默认CSYS_XY"平面，绘制草图1，如图6-29所示。

（2）创建拉伸实体1。单击"造型"选项卡"基础造型"面板中的"拉伸"按钮，选择矩形进行拉伸，拉伸高度为80 mm，结果如图6-30所示。

图6-28　基座

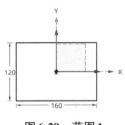

图6-29　草图1

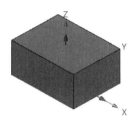

图6-30　拉伸实体1

（3）创建唇缘。单击"造型"选项卡"工程特征"面板中的"唇缘"按钮，弹出"唇缘"对话框，选择如图6-31所示的边线，然后单击图中所示面作为偏移起始面，偏距1D1设置为-70 mm，偏距2D2设置为-60 mm，如图6-32所示。单击鼠标中键完成。

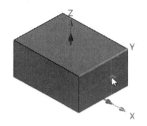

图6-31　选择边线和起始面

图6-32　设置参数

（4）使用同样的方法，选择另一侧的边线进行偏移，结果如图6-33所示。

（5）绘制草图2。单击"造型"选项卡"基础造型"面板中的"草图"按钮，选择"默认CSYS_XZ"平面，绘制草图2，如图6-34所示。

（6）创建拉伸实体2。单击"造型"选项卡"基础造型"面板中的"拉伸"按钮，选择草图2进行拉伸，拉伸类型选择对称，结束点设置为60 mm，布尔运算设置为加运算，轮廓封口选择两端封口，结果如图6-35所示。

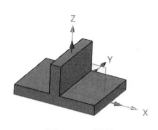

图6-33　唇缘

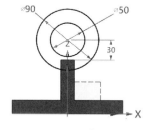

图6-34　草图2

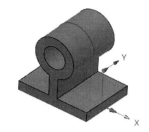

图6-35　拉伸实体2

（7）绘制草图3。单击"造型"选项卡"基础造型"面板中的"草图"按钮，选择"默认CSYS_XZ"平面，绘制草图3，如图6-36所示。

（8）创建筋1。单击"造型"选项卡"工程特征"面板中的"筋"按钮，弹出"筋"对话框，选择草图3，设置方向为平行，宽度类型为两者，宽度为20 mm，如图6-37所示。

（9）创建筋2。使用同样的方法，创建另一侧的筋，如图6-38所示。

（10）绘制沉孔草图4。单击"造型"选项卡"基础造型"面板中的"草图"按钮，选择图6-38所示的面1，进入草图绘制状态。单击"草图"选项卡"绘图"面板中的"点"按钮，绘制点，如图6-39所示。

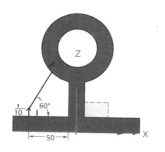

图 6-36　草图 3

图 6-37　筋 1 参数设置

图 6-38　筋

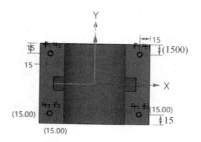

图 6-39　沉孔草图 4

（11）添加柱形沉头孔。单击"造型"选项卡"工程特征"面板中的"孔"按钮█，弹出"孔"对话框，选择"间隙孔"，单击"位置"右侧的下拉按钮，在弹出的下拉列表中选择"草图点"，如图 6-40 所示。然后在绘图区选择绘制好的沉孔草图 4。孔造型选择"台阶孔"，标注选择"GB"，螺旋类型选择"Hex Head Bolt"，尺寸选择"M10"，配合选择"Normal"，结束端设置为"通孔"，如图 6-41 所示。添加柱形沉头孔结果如图 6-42 所示。

图 6-40　选择"草图点"命令

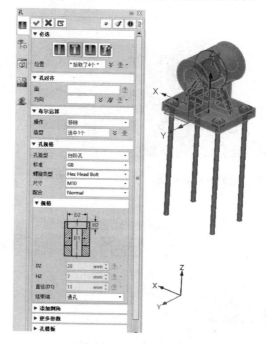

图 6-41　柱形沉头孔参数设置

（12）绘制螺纹孔草图5。单击"造型"选项卡"基础造型"面板中的"草图"按钮，选择如图6-43所示的圆柱体端面，进入草图绘制状态。单击"草图"选项卡"绘图"面板中的"点"按钮，绘制点。

（13）创建螺纹孔。单击"造型"选项卡"工程特征"面板中的"孔"按钮，弹出"孔"对话框，选择"螺纹孔"，单击"位置"右侧的下拉按钮，在弹出的下拉列表中选择"草图点"，然后在绘图区选择绘制好的螺纹孔草图5。孔造

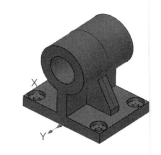

图6-42　添加柱形沉头孔结果

型选择"简单孔"，标注选择"GB"，纹类型选择"M"，尺寸选择"M10"，在规格选项组中设置深度值为27.5 mm，如图6-44所示。螺纹孔创建结果如图6-45所示。

图6-43　绘制螺纹孔草图5　　　　图6-44　参数设置　　　　

图6-45　螺纹孔创建结果

任务2　编辑模型工具

任务引入

在某些情况下，为了提高产品的结构强度或者减轻重量，需要对模型进行体积偏移或加

厚处理。那么，为了达到设计要求，小明还需要进行哪些知识的学习呢？

知识准备

编辑模型工具在中望 3D 2024 的三维建模过程中扮演着至关重要的角色，不仅提高了设计的灵活性和准确性，还大大提升了工作效率和设计质量。利用这些工具能够更好地控制模型的每个细节，从而创造出更加精确和复杂的产品设计。

一、面偏移

使用"面偏移"命令来偏移一个或多个外壳面。壳体是一个开放或封闭的实体。

单击"造型"选项卡"编辑模型"面板中的"面偏移"按钮，弹出"面偏移"对话框，如图 6-46 所示。该对话框中提供了两种创建面偏移的方法。

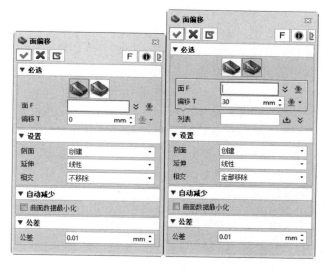

图 6-46　"面偏移"对话框

（1）常量：所选面偏移相同的距离。操作示例如图 6-47（a）所示。

①面：选择要偏移的面。

②偏移：指定偏移距离。负值表示向内部偏移；正值表示向外部偏移。

③列表：指定偏移面和偏移距离后，单击鼠标中键，偏移面和偏移距离会作为一条记录加入到列表中。双击列表中的记录，会将该记录的值填充到对应的字段再重新编辑。可选择不同的偏移面并设置不同的偏移距离。只有选择"变量"时才有此选项。

④侧面：用于重新连接偏移面和原实体。有下列选项可供选择："创建""不创建""强制创建"。

（2）变量：所选面可偏移不同的距离。面偏移操作示例如图 6-47（b）所示。

列表：显示各面的偏移距离。双击可进行修改。

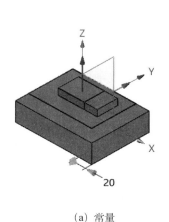

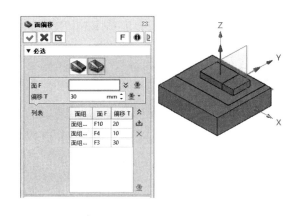

（a）常量　　　　　　　　　　　　　　　　（b）变量

图6-47　面偏移操作示例

二、抽壳

使用"抽壳"命令从造型中创建一个抽壳特征。

单击"造型"选项卡"编辑模型"面板中的"抽壳"按钮，弹出"抽壳"对话框，如图6-48所示。该对话框中部分项的含义如下所述。

（1）造型 S：选择要抽壳的造型。

（2）厚度 T：指定壳体的厚度。正值加厚方向向外偏移；负值向内偏移。

（3）开放面 O：选择需要删除的面，或者单击鼠标中键跳过该选项。

（4）面：选择面，该面设置不同的抽壳厚度。

抽壳操作示例如图6-49所示。

图6-48　"抽壳"对话框

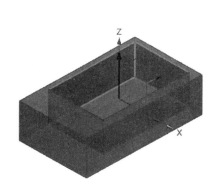

图6-49　抽壳操作示例

三、加厚

使用"加厚"命令将一个开放造型（非实体），通过曲面偏置及创建侧面生成实体。该命令将参照偏置曲面的法向，创建有厚度实体，并允许用户创建不同厚度的结构。

单击"造型"选项卡"编辑模型"面板中的"加厚"按钮🍮，弹出"加厚"对话框，如图6-50所示。该对话框中部分项的含义如下所述。

（1）类型：设置选取对象的方式。有片体和面两种方式。

①片体S：指定要加厚的造型。有开放造型（片体）或者实体造型。

②面：指定要加厚的曲面。

（2）片体S下的单侧/双侧：选择单向加厚或双向加厚。输入偏移值，设定加厚的距离。正值表示沿面的正法向偏置；负值表示沿面的负法向偏置。当选择"单侧"时，偏移值不可为0；当选择"双侧"时，两个偏移值不能相同，即厚度不可为0。

（3）面F：指定要额外偏置的曲面。

（4）面F下的单侧/双侧：指定非统一偏置的距离。正值表示沿面的正法向偏置；负值表示沿面的负法向偏置。

加厚操作示例如图6-51所示。

图6-50 "加厚"对话框

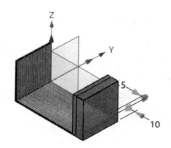

图6-51 加厚操作示例

四、布尔运算

中望3D 2024提供了3种布尔运算：添加实体、移除实体和相交实体。

1. 添加实体

使用"添加实体"命令，添加一个或多个造型到基体造型上。可以保留运算造型，或选择任意边界面来限定运算范围。

单击"造型"选项卡"编辑模型"面板中的"添加实体"按钮🍮，弹出"添加实体"对话框，如图6-52所示。该对话框中部分项的含义如下所述。

（1）基体：基体造型是在其上进行运算的造型，在命令结束后依然存在。

（2）添加：添加造型是添加到基体造型上的造型，如果没有勾选"保留添加实体"复选框，在命令结束后该造型会被删除。

（3）边界：选择任意边界面。添加造型必须与基体相交，边界面将修剪添加造型。添加造型为开放造型或闭合造型。

（4）保留添加实体：勾选该复选框，可以保留添加的造型。

添加实体操作示例如图6-53所示。

图6-52　"添加实体"对话框

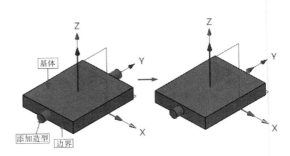

图6-53　添加实体操作示例

2. 移除实体

使用"移除实体"命令，可以从基体造型上移除一个或多个造型。可以选择保留运算造型，或选择任意边界面来限定运算范围。

单击"造型"选项卡"编辑模型"面板中的"移除实体"按钮，弹出"移除实体"对话框，如图6-54所示。该对话框中各选项含义可参照"添加实体"命令。移除实体操作示例如图6-55所示。

图6-54　"移除实体"对话框

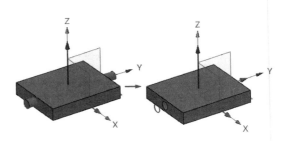

图6-55　移除实体操作示例

3. 相交实体

单击"造型"选项卡"编辑模型"面板中的"相交实体"按钮，弹出"相交实体"对话框，如图6-56所示。该对话框中各选项含义可参照"添加实体"命令。相交实体操作示例如图6-57所示。

图6-56　"相交实体"对话框

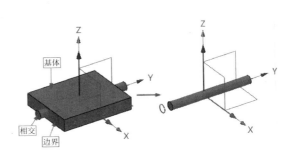

图6-57　相交实体操作示例

五、分割

使用"分割"命令，在实体或开放造型与面、造型或基准面相交的位置分割该实体或开放造型。该命令会生成两个独立的实体或造型；也可以拆分一个开放造型，生成一个或多个开放造型。

单击"造型"选项卡"编辑模型"面板中的"分割"按钮 🌑，弹出"分割"对话框，如图6-58所示。该对话框中部分项的含义如下所述。

（1）基体B：用于选择要分割的基本实体或造型。

（2）分割面C（必选）：用于选择要分割的造型或平面。

（3）分割面C（设置）：用于选择分割面的处置方式。

①保留：原样保留用于分割的造型。

②删除：删除用于分割的造型。

③分割：对用于分割的分割面也进行分割。

（4）封口修剪区域：勾选"封口修剪区域"复选框，则最终的两个造型在修剪边缘上是闭合的。

（5）延伸：勾选"延伸"复选框延伸分割面。该选项只在分割面为曲面时才能使用。延伸方式有线性、圆形两种。

分割操作示例如图6-59所示。

图6-58 "分割"对话框

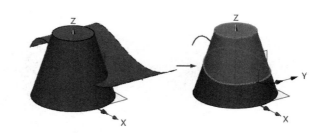

图6-59 分割操作示例

六、修剪

使用"修剪"命令修剪实体或开放造型与面、造型或基准面相交的部分。该命令可以修剪一个开放造型，修剪之后仍然是一个开放造型。还可以选择多个面、造型或基准面（自相交）进行修剪。

单击"造型"选项卡"编辑模型"面板中的"修剪"按钮 🌑，弹出"修剪"对话框，如图6-60所示。该对话框中部分项的含义如下所述。

（1）修剪面T：选择用于修剪的造型或基准面。

（2）保留相反侧：箭头指示的是保留的方向。勾选该复选框来更改箭头方向，或直接单击图形窗口中的箭头，使其反向。

修剪操作示例如图6-61所示。

图 6-60   "修剪"对话框

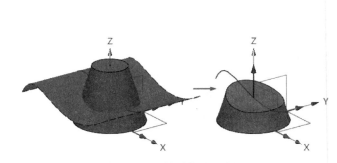

图 6-61   修剪操作示例

七、简化

使用"简化"命令通过删除所选面来简化某个零件。这个命令会试图延伸和重新连接面来闭合零件中的间隙。如果不能合理闭合这个零件，软件会反馈一个错误消息。选择要删除的面，然后单击鼠标中键进行删除。

单击"造型"选项卡"编辑模型"面板中的"简化"按钮，弹出"简化"对话框，如图 6-62 所示。该对话框中部分项的含义如下所述。

实体：选择要移除的特征、面和要填充的间隙边。

简化操作示例如图 6-63 所示。

图 6-62   "简化"对话框

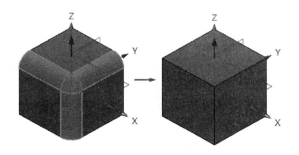

图 6-63   简化操作示例

案例——开关盒

本案例绘制如图 6-64 所示的开关盒。

（1）绘制草图 1。单击"造型"选项卡"基础造型"面板中的"草图"按钮，选择"默认 CSYS_XY"平面，绘制草图 1，如图 6-65 所示。

（2）创建拉伸实体 1。单击"造型"选项卡"基础造型"面板中的"拉伸"按钮，选择草图 1 进行拉伸，拉伸高度为 30 mm，如图 6-66 所示。

图 6-64   开关盒

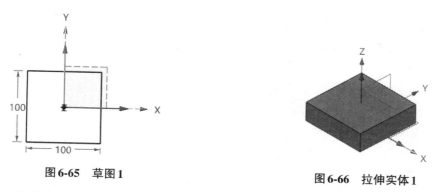

图 6-65 草图 1   图 6-66 拉伸实体 1

（3）单击"造型"选项卡"工程特征"面板中的"圆角"按钮 🔘，弹出"圆角"对话框，单击"椭圆圆角"按钮，设置第一个倒角距离为 10 mm，第二个倒角距离为 20 mm，如图 6-67 所示，勾选"反转边方向"复选框，单击应用按钮。单击"圆角"按钮，设置圆角半径为 2 mm，选择图 6-68 所示的边进行圆角操作。

图 6-67 选择椭圆圆角边

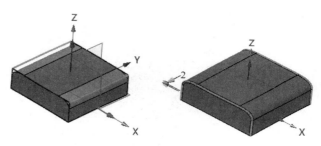

图 6-68 选择圆角边

（4）单击"造型"选项卡"编辑模型"面板中的"抽壳"按钮 🔲，弹出"抽壳"对话框，选择实体造型，设置厚度为-2 mm，选择底面为开放面，如图 6-69 所示。

（5）绘制草图 2。单击"造型"选项卡"基础造型"面板中的"草图"按钮，选择实体在线的顶面作为草绘平面，绘制草图 2，如图 6-70 所示。

（6）创建拉伸平面。单击"造型"选项卡"基础造型"面板中的"拉伸"按钮，选择草图 2 进行拉伸，拉伸高度为 80 mm，拉伸方向设置为 Y 轴，如图 6-71 所示。

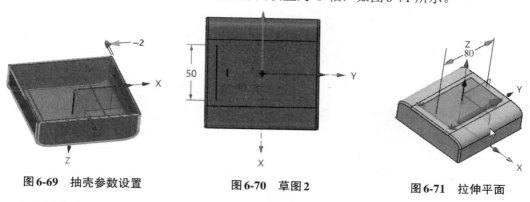

图 6-69 抽壳参数设置   图 6-70 草图 2   图 6-71 拉伸平面

（7）创建分割面。单击"造型"选项卡"编辑模型"面板中的"分割"按钮 🔳，弹出"分割"对话框，选择实体造型作为基体，选择拉伸平面为分割面，将分割面 C 设置为"删除"，勾选"封口修剪区域"复选框，如图6-72所示。

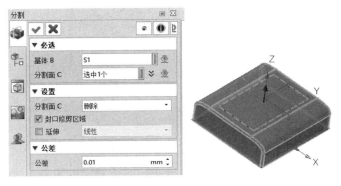

图6-72　分割面参数设置

（8）偏移分割面。单击"造型"选项卡"编辑模型"面板中的"面偏移"按钮，弹出"面偏移"对话框，选择（7）中创建的分割面，设置偏移距离为-1 mm，侧面选择"创建"，相交选择"全部移除"，如图6-73所示。

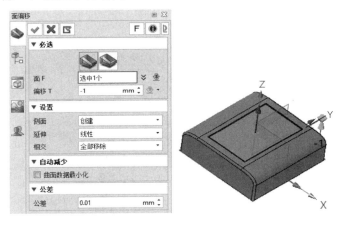

图6-73　面偏移参数设置

（9）修改颜色。选中所有的面，单击DA工具栏中的"面颜色"按钮，弹出"标准"对话框，将颜色修改为白色。再次选中偏移后的分割面，将颜色设置为绿色，如图6-74所示。

（10）绘制草图3。单击"造型"选项卡"基础造型"面板中的"草图"按钮，选择偏移后的分割面作为草绘平面，绘制草图3，如图6-75所示。

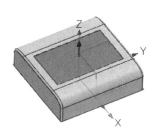

图6-74　修改颜色

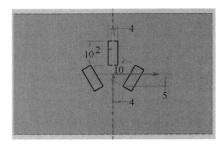

图6-75　草图3

（11）拉伸切除1。单击"造型"选项卡"基础造型"面板中的"拉伸"按钮，选择草图3进行拉伸，拉伸高度为0.5 mm，拉伸方向设置为-Z轴，布尔运算选择"减运算"，布尔造型选择"分割面"，轮廓封口选择"开放"，结果如图6-76所示。

（12）绘制草图4。单击"造型"选项卡"基础造型"面板中的"草图"按钮，选择拉伸切除1的底面作为草绘平面，利用偏移命令，选中草图3的各条边线，设置距离为1 mm，勾选"翻转方向"复选框，向内偏移1 mm，如图6-77所示。

（13）拉伸切除2。单击"造型"选项卡"基础造型"面板中的"拉伸"按钮，选择草图4进行拉伸，拉伸高度为1 mm，拉伸方向设置为-Z轴，布尔运算选择"减运算"，布尔造型选择"所有造型"，轮廓封口选择"开放"，结果如图6-78所示。

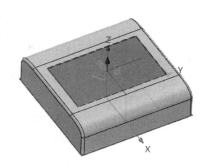

图6-76　拉伸切除1

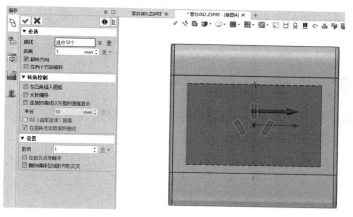

图6-77　草图4

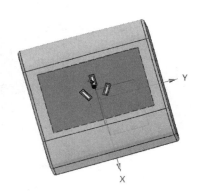

图6-78　拉伸切除2

任务3　基础编辑工具

任务引入

小明在建模过程中遇到许多重复性工作，为节省时间，提升自己在建模方面的效率和质量，小明可以采取哪些策略提高效率和减少不必要的劳动？

知识准备

在中望3D 2024中，阵列、镜像、移动和复制等基础编辑命令至关重要。这些命令允许用户快速地重复相同的操作，或创建对称的几何形状，从而大大节省了手动绘制或修改的时间。用户可以轻松地调整模型的位置或复制模型的部分，便于设计变更或创建新的设计方案。

一、阵列几何体

使用"阵列几何体"命令，可对外形、面、曲线、点、文本、草图、基准面等任意组合进行阵列。

单击"造型"选项卡"基础编辑"面板中的"阵列几何体"按钮 ⚏，弹出"阵列几何体"对话框，如图6-79所示。该对话框提供了8种不同类型的阵列方法，下面进行详细介绍。

1. 线性阵列

创制单个或多个对象的线性阵列。

单击"线性"按钮 🦐，对话框如图6-79所示。该对话框中各项的含义如下所述。

（1）基体：选择要阵列的基体对象或草图。选择基体时可将"选择"工具栏中的过滤器设置为"造型"。

（2）方向：为阵列选择第一线性方向或旋转轴。

（3）数目：输入沿每个方向阵列的实例的数目。

（4）间距：设置实例间距值。

（5）对称：勾选该复选框，则在沿指定方向的反方向对称创建阵列对象。

（6）第二方向：为阵列选择第二线性方向。对于线性阵列，可选择平行于初始方向的相反方向作为第二线性方向。

（7）仅阵列源：勾选该复选框，则仅阵列源对象在第二线性方向阵列，其他第一线性方向上的实例不进行阵列。

（8）不等间距：勾选该复选框，单击"显示表格"按钮，弹出"间距表格"对话框，如图6-80所示。双击间距值可进行修改。不等间距操作示例如图6-81所示。

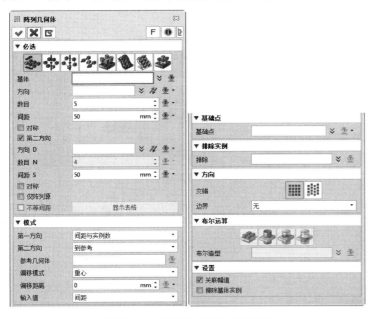

图6-79　"阵列几何体"对话框　　　　**图6-80　"间距表格"对话框**

（9）第一/二方向：设置阵列模式。

（10）基础点：重新定义阵列放置位置，如图6-82所示。

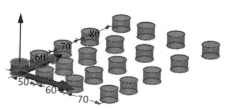

图6-81 不等间距操作示例

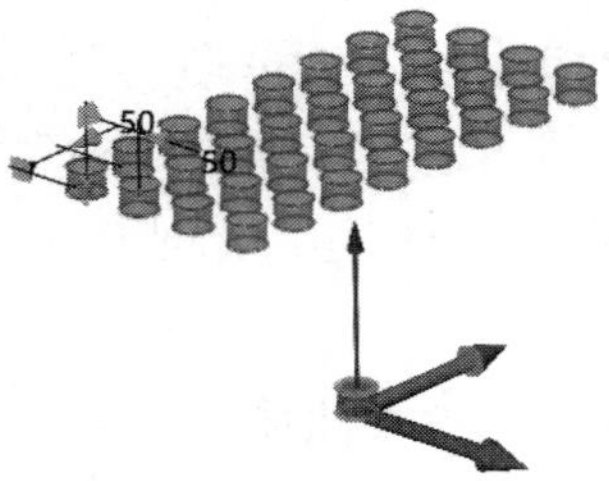

图6-82 重新定义阵列放置位置

（11）排除：打开/关闭阵列内的实例。根据实例打开/关闭，回应模式将以一个红色的虚线框来显示实例。

（12）交错：选择是否创建交错阵列。包括"无交错" ▦ 和"交错模式" ▦ 两个选项。

（13）边界：定义填充区域边界。该选项定义的边界，将自动投影到线性、圆形、多边形阵列的阵列平面上，以对阵列实例进行限制。

（14）关联复制：勾选此复选框，则阵列实体将会保持与原实体关联，且可重定义阵列特征。但如果取消勾选此复选框，新建的阵列实体作为静态几何体。它们是独立的且阵列特征不能被重定义。

2. 圆形阵列

创制单个或多个对象的圆形阵列。

单击"圆形"按钮 ✛，对话框如图6-83所示。该对话框中部分项的含义如下所述。

（1）直径：设置圆周阵列的直径。

（2）数目：设置圆周阵列的数量。

（3）角度：设置实例之间的夹角。

（4）派生：允许由中望3D 2024指定"必选"选项组中的数目或角度。

（5）最小值（%）：排除那些不具备最小间距的实例。如图6-84所示的红色实例为排除的不具备最小间距的实例。

（6）对准：对齐阵列内的每个实例。

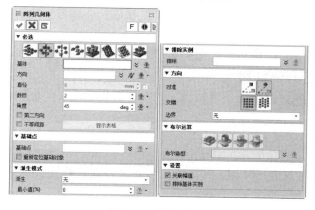

图6-83 圆形阵列

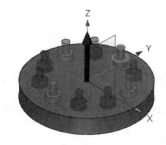

图6-84 排除的不具备最小间距的实例

3. 多边形阵列

创制单个或多个对象的多边形阵列。

单击"多边形"按钮 ❖，对话框如图6-85所示。该对话框中部分项的含义如下所述。

（1）边："边"选项可为多边形阵列指定要阵列的多边形边的数目，最小为3。

（2）间距："间距"选项控制多边形阵列的方式，是通过每边的数目或实例节距来创建阵列。

①每边数：选择此项后，可在下面的数目中输入数目来控制多边形每条边上阵列对象之间的间距，如图6-86所示。

②实例节距：选择此项后，可在下面的节距中输入间距之后，为多边形阵列生成每边所需阵列的数目。

图6-85　多边形阵列

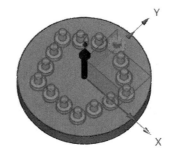

图6-86　按每边数目创建多边形阵列

4. 点到点阵列

创建单个或多个对象的不规则阵列。可将任何实例阵列到所选点上。

单击"多边形"按钮 ❖，对话框如图6-87所示。该对话框中部分项的含义如下所述。

（1）目标点：选择一个参考点用于定位阵列中的每个实例。

（2）在面上：选择放置阵列的表面，然后单击确定目标点。点到点阵列操作示例如图6-88所示。

5. 在阵列

根据前一个阵列的参数设置对所选对象进行阵列。该阵列的特征（方向、数量、间距等）与所选阵列相同。

单击"在阵列"按钮 ❖，对话框如图6-89所示。在阵列操作示例如图6-90所示。

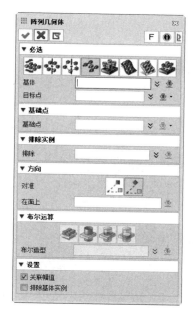

图 6-87 点到点阵列

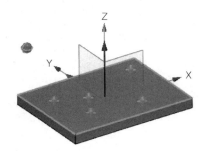

图 6-88 点到点阵列操作示例

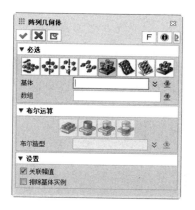

图 6-89 在阵列

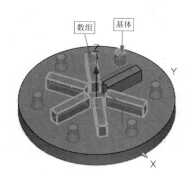

图 6-90 在阵列操作示例

6. 在曲线上阵列

输入一条或多条曲线，创建一个三维阵列。第一条曲线用于指定第一个方向。这些曲线会自动限制阵列中的实例数量，以适应边界。

单击"在曲线上"按钮 🔧，对话框如图 6-91 所示。该对话框中部分项的含义如下所述。

（1）边界：选择用于定义和限制阵列的边界曲线。可根据选择的是"1 曲线" 🔧、"2 曲线" 🔧、"跨越 2 曲线" 🔧还是"3-41 曲线" 🔧选择边界。

（2）数目：设置第一方向阵列的数量。但因受边界的限制该数量不一定是最终的阵列数。

（3）起始点：选择阵列开始的起点。

（4）边界：用于控制阵列对象在边界上的位置。包括"自动""到位""移动" 3 个选项。

在曲线上阵列操作示例如图 6-92 所示。

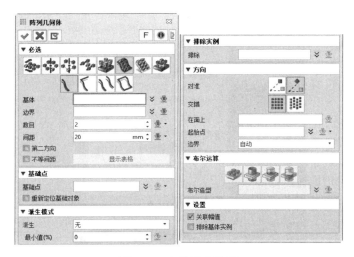

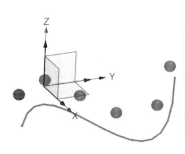

图 6-91　在曲线上阵列　　　　　　　图 6-92　在曲线上阵列操作示例

7. 在面上阵列

在一个现有曲面上创建一个三维阵列。该曲面会自动限制阵列中的实例数量，以适应边界 U 和边界 V。

单击"在面上"按钮，对话框如图 6-93 所示。该对话框中部分项的含义如下所述。

（1）面：选择用于放置阵列的面。

（2）数目：设置第一方向阵列的数量。但因受面的限制该数量不一定是最终的阵列数。在面上阵列操作示例如图 6-94 所示，设置的第一方向阵列数为 8，第二方向阵列数为 6，实际结果因受面的限制均比设置的数目少。

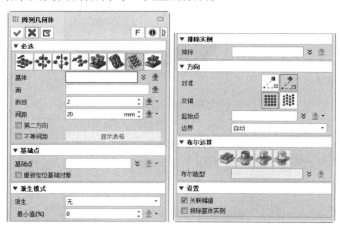

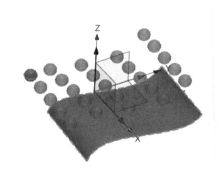

图 6-93　在面上阵列　　　　　　　图 6-94　在面上阵列操作示例

8. 填充阵列

在指定的草图区域创建一个三维阵列。该阵列会根据设置的类型、旋转角度、间距等自动填充指定的草图区域。

单击"填充阵列"按钮，对话框如图 6-95 所示。对话框中部分项的含义如下所述。

（1）类型：用户可在下拉列表中选择相应的类型，包括正方形、菱形、六边形、同心圆、螺旋以及沿草图曲线，所生成的填充阵列将按该类型排列成形。填充阵列操作示例如图 6-96 所示。

（2）草图区域：选择需要填充阵列的草图或草图块，即指定填充区域。

（3）边界：设置用于定义和限制填充阵列的边界距离。

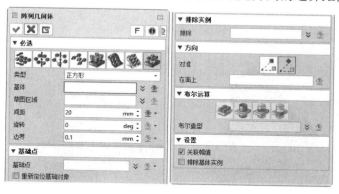 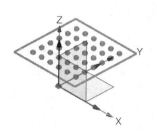

图 6-95　填充阵列　　　　　图 6-96　填充阵列操作示例

二、阵列特征

使用"阵列特征"命令，可对特征、草图进行阵列。

单击"造型"选项卡"基础编辑"面板中的"阵列特征"按钮，弹出"阵列特征"对话框，如图 6-97 所示。该对话框提供了 9 种不同类型的阵列，每种方法都需要不同类型的阵列输入。阵列类型与"阵列几何体"中介绍的阵列类型基本相同，此处不再赘述。

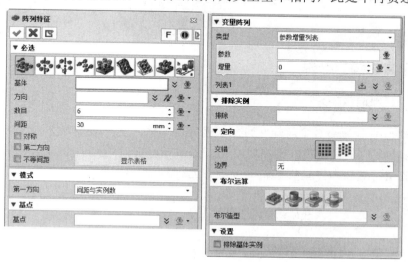

图 6-97　"阵列特征"对话框

三、镜像几何体和镜像特征

使用"镜像几何体"命令可以镜像以下对象的任意组合：造型、零件、曲线、点、草图、基准面等。

使用"镜像特征"命令使特征镜像。

单击"造型"选项卡"基础编辑"面板中的"镜像几何体"按钮╬，弹出"镜像几何体"对话框，如图6-98所示。镜像几何体操作示例如图6-99所示。

单击"造型"选项卡"基础编辑"面板中的"镜像特征"按钮✿，弹出"镜像特征"对话框，如图6-100所示。镜像特征操作示例如图6-101所示。

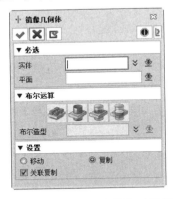

图6-98　　"镜像几何体"对话框

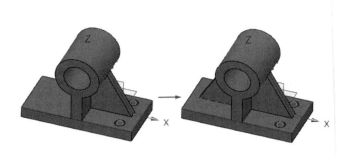

图6-99　　镜像几何体操作示例

图6-100　　"镜像特征"对话框

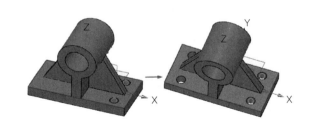

图6-101　　镜像特征操作示例

四、移动/复制几何体

使用"移动/复制"命令来移动和复制三维零件实体。支持多种方法，包括方向、点、坐标系等。移动和复制的命令都非常相似。

单击"造型"选项卡"基础编辑"面板中的"移动"按钮╬，弹出"移动"对话框，如图6-102所示。

单击"造型"选项卡"基础编辑"面板中的"复制"按钮▥，弹出"复制"对话框，如图6-103所示。

对话框中提供了6种移动/复制几何体的方法，具体含义如下所述。

（1）动态移动/复制▥/▥：使用移动手柄动态移动、复制或旋转实体。实体在移动、复制或旋转时，会显示相应的尺寸编辑信息，输入数值后确认，实现精确操作。

（2）点到点移动/复制▥/▥：从一点移动/复制零件实体到另一点。

（3）沿方向移动/复制▥/▥：在线性方向移动/复制实体一个指定的距离。此命令也可用于旋转实体。使用此命令时，所有草图副本将被锁定。

（4）绕方向旋转 ⟲/⟳：绕指定的方向旋转或复制三维零件实体。

（5）对齐坐标系移动/复制 ⬆/⬆：将参考坐标系（基准面或平面）对齐到另一个坐标系来移动/复制零件实体。

（6）沿路径移动/复制 ⬆/⬆：沿着一个曲线路径移动/复制零件实体。

图 6-102 "移动"对话框

图 6-103 "复制"对话框

案例——扭结盘

本案例创建如图 6-104 所示的扭结盘。

图 6-104 扭结盘

（1）单击"造型"选项卡"基础造型"面板中的"草图"按钮，选择"默认CSYS_XZ"平面作为草绘基准面，绘制旋转草图1，如图 6-105 所示。

（2）创建旋转实体。单击"造型"选项卡"基础造型"面板中的"旋转"按钮，弹出"旋转"对话框，选择草图1，选择 Z 轴作为旋转轴，旋转角度设置为360°，布尔运算选择"基体"，单击"两端封闭"按钮，结果如图 6-106 所示。

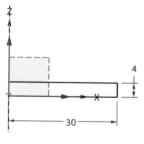

图 6-105 草图1

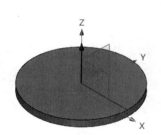

图 6-106 旋转实体

（3）创建圆角。单击"造型"选项卡"工程特征"面板中的"圆角"按钮，弹出"圆角"对话框，设置半径为2 mm，选择底边进行圆角，如图6-107所示。

（4）创建抽壳。单击"造型"选项卡"编辑模型"面板中的"抽壳"按钮 ，弹出"抽壳"对话框，选择旋转造型，厚度设置为-1 mm，选择顶面为开放面，相交选择全部移除，结果如图6-108所示。

（5）以抽壳实体的底面为草绘平面，绘制草图2，如图6-109所示。

（6）单击"造型"选项卡"基础造型"面板中的"拉伸"按钮，弹出"拉伸"对话框，选择草图2，拉伸类型选择"1边"，结束点设置为5 mm，布尔运算选择"减运算"，布尔造型选择抽壳实体，结果如图6-110所示。

（7）单击"造型"选项卡"基础编辑"面板中的"镜像几何体"按钮 ，弹出"镜像特征"对话框，选择（6）中创建的拉伸切除特征，镜像平面选择"默认CSYS_YZ"，设置选择"复制"。

（8）以抽壳实体的底面为草绘基准面，绘制草图3，如图6-111所示。

（9）单击"造型"选项卡"基础造型"面板中的"拉伸"按钮，弹出"拉伸"对话框，选择草图3，拉伸类型选择"2边"，起始点设置为-5 mm，结束点设置为15 mm，布尔运算选择"减运算"，布尔造型选择抽壳实体，如图6-112所示。

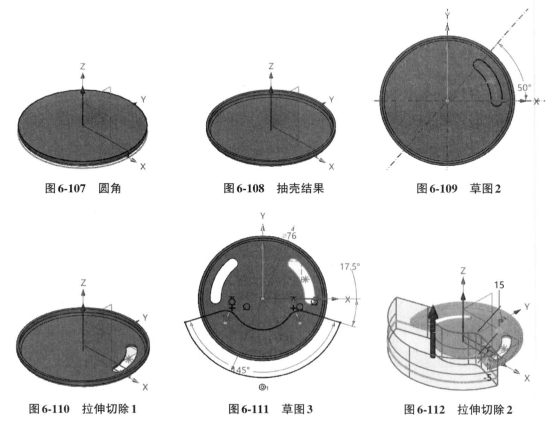

图6-107　圆角　　　　　　　图6-108　抽壳结果　　　　　　　图6-109　草图2

图6-110　拉伸切除1　　　　　图6-111　草图3　　　　　　　图6-112　拉伸切除2

（10）单击"造型"选项卡"基础造型"面板中的"圆柱体"按钮，弹出"圆柱体"对话框，以原点为中心，设置半径为15 mm，长度为16 mm，布尔运算选择"加运算"，布尔造型选择（9）中拉伸切除后的实体，结果如图6-113所示。

（11）选择"默认CSYS_YZ"平面为草绘基准面绘制草图4，如图6-114所示。

（12）单击"造型"选项卡"基础造型"面板中的"拉伸"按钮，弹出"拉伸"对话框，选择草图3，拉伸类型选择"对称"，结束点设置为13 mm，布尔运算选择"加运算"，布尔造型选择实体，如图6-115所示。

（13）创建圆角。单击"造型"选项卡"工程特征"面板中的"圆角"按钮，弹出"圆角"对话框，设置半径为2 mm，选择六面体的上下边线进行圆角，如图6-116所示。

（14）选择"默认CSYS_YZ"平面为草绘基准面绘制草图5，草图4向内偏移1 mm即可得到草图5，如图6-117所示。

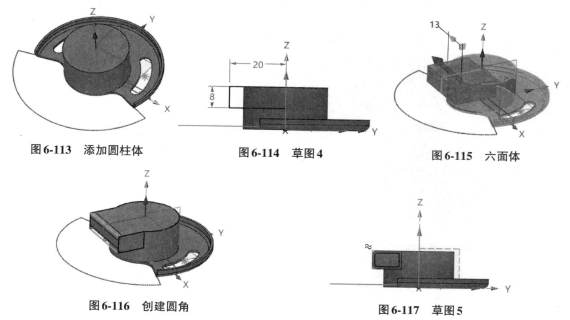

图6-113 添加圆柱体　　　　图6-114 草图4　　　　图6-115 六面体

图6-116 创建圆角　　　　　　　　图6-117 草图5

（15）单击"造型"选项卡"基础造型"面板中的"拉伸"按钮，系统弹出"拉伸"对话框，选择草图3，拉伸类型选择"对称"，结束点设置为15 mm，布尔运算选择"减运算"，布尔造型选择实体，拉伸切除结果如图6-118所示。

（16）单击"造型"选项卡"基础造型"面板中的"圆柱体"按钮，系统弹出"圆柱体"对话框，以原点为中心，设置半径为14 mm，长度为20 mm，布尔运算选择"减运算"，布尔造型选择整个造型实体，切除圆柱体结果如图6-119所示。

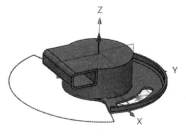

图6-118 拉伸切除结果

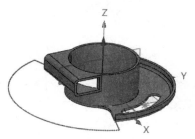

图6-119 切除圆柱体结果

项 目 实 战

实战　手压阀阀体

本实战的内容为绘制如图6-120所示的手压阀阀体。

【操作步骤】

（1）绘制草图1。以"默认CSYS_XY"平面为草绘基准面，绘制如图6-121所示的草图1。

（2）创建拉伸实体1。单击"造型"选项卡"基础造型"面板中的"拉伸"按钮，弹出"拉伸"对话框，选择草图1，拉伸类型选择"对称"，结束点设置为120 mm，布尔运算选择"基体"，布尔造型选择实体，如图6-122所示。

（3）创建圆柱体。单击"造型"选项卡"基础造型"面板中的"圆柱体"按钮，弹出"圆柱体"对话框，以坐标（0,0,35）为中心创建圆柱体，设置半径为11 mm，长度为56 mm，方向为Y轴，布尔运算选择"加运算"，布尔造型选择拉伸实体，结果如图6-123所示。

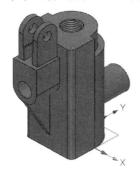

图6-120　手压阀阀体

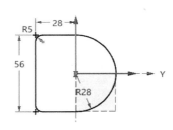

图6-121　草图1

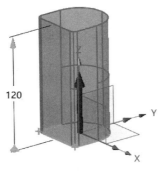

图6-122　拉伸实体1

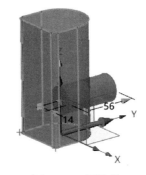

图6-123　圆柱体

（4）绘制草图2。以"默认CSYS_XZ"平面为草绘基准面，绘制草图2，如图6-124所示。

（5）创建拉伸实体2。单击"造型"选项卡"基础造型"面板中的"拉伸"按钮，弹出"拉伸"对话框，选择草图2，拉伸类型选择"1边"，结束点设置为56 mm，布尔运算选择"加运算"，布尔造型选择实体，如图6-125所示。

（6）绘制草图3。以"默认CSYS_YZ"平面为草绘基准面，绘制草图3，如图6-126所示。

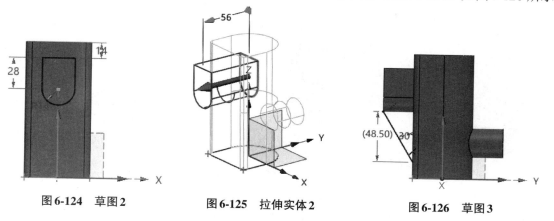

图6-124　草图2　　　　　　　图6-125　拉伸实体2　　　　　　　图6-126　草图3

（7）创建筋。单击"造型"选项卡"工程特征"面板中的"筋"按钮，弹出"筋"对话框，选择草图3，方向设置为"平行"，宽度类型为"两者"，宽度为4 mm，勾选"反转材料方向"复选框，结果如图6-127所示。

（8）绘制草图4。以"默认CSYS_XY"平面为草绘基准面，绘制草图4，如图6-128所示。

（9）旋转切除。单击"造型"选项卡"基础造型"面板中的"旋转"按钮，弹出"旋转"对话框，选择草图4，选择Z轴作为旋转轴，旋转角度设置为360°，布尔运算选择"减运算"，单击"两端封闭"按钮，结果如图6-129所示。

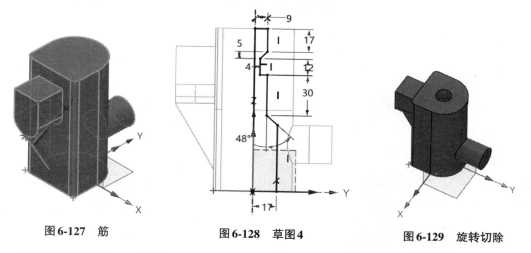

图6-127　筋　　　　　　　　　图6-128　草图4　　　　　　　　图6-129　旋转切除

（10）绘制草图5。以实体的顶面为草绘基准面，绘制草图5，如图6-130所示。

（11）拉伸切除。单击"造型"选项卡"基础造型"面板中的"拉伸"按钮，弹出"拉伸"对话框，选择草图5，拉伸类型选择"1边"，结束点设置为20 mm，单击反向按钮，调整拉伸方向向下，布尔运算选择"减运算"，布尔造型选择实体，如图6-131所示。

（12）绘制草图6。以拉伸实体2的上表面为草绘面，绘制草图6，如图6-132所示。

（13）拉伸实体3。单击"造型"选项卡"基础造型"面板中的"拉伸"按钮，弹出"拉伸"对话框，选择草图5，拉伸类型选择"1边"，结束点设置为40 mm，单击反向按钮，调整拉伸方向向上，布尔运算选择"加运算"，布尔造型选择实体，如图6-133所示。

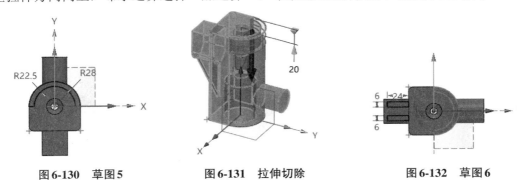

图6-130　草图5　　　　　　　图6-131　拉伸切除　　　　　　　图6-132　草图6

（14）创建唇缘。单击"造型"选项卡"工程特征"面板中的"唇缘"按钮，弹出"唇缘"对话框，选择拉伸实体3的边，选择该边所在侧面，设置偏距2为-1 mm，偏距2为-26 mm，如图6-134所示。使用同样的方法，创建另一侧的唇缘，如图6-135所示。

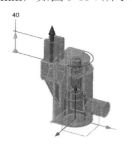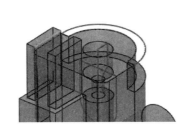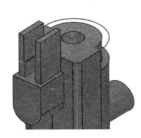

图6-133　拉伸实体3　　　　　图6-134　创建唇缘1　　　　　图6-135　创建唇缘2

（15）创建面圆角。单击"造型"选项卡"工程特征"面板中的"面圆角"按钮，弹出"面圆角"对话框，选择拉伸实体3的前后两侧面作为支撑面，顶面作为相切面，如图6-136所示。使用同样的方法，创建另一侧面圆角，如图6-137所示。

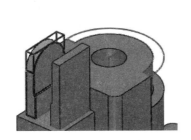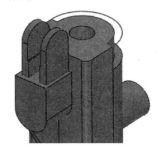

图6-136　创建面圆角1　　　　　　　　　　图6-137　创建面圆角2

（16）创建孔1。单击"造型"选项卡"基础造型"面板中的"圆柱体"按钮，弹出"圆柱体"对话框，捕捉圆角的圆心为中心创建圆柱体，设置半径为5 mm，长度为30 mm，方向为-X轴，布尔运算选择"减运算"，布尔造型选择实体，结果如图6-138所示。

（17）创建孔2。单击"造型"选项卡"基础造型"面板中的"圆柱体"按钮，弹出"圆柱体"对话框，以拉伸实体2的端面圆心为中心创建圆柱体，设置半径为8 mm，长度为56 mm，方向为-X轴，布尔运算选择"减运算"，布尔造型选择实体，结果如图6-139所示。

（18）创建孔3。选择圆柱体1的端面圆心为中心创建圆柱体，设置半径为8 mm，长度为56 mm，方向为-X轴，布尔运算选择"减运算"，布尔造型选择实体，结果如图6-140所示。

图6-138 创建孔1

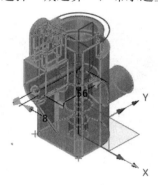
图6-139 创建孔2

图6-140 创建孔3

（19）创建倒角1。单击"造型"选项卡"工程特征"面板中的"倒角"按钮，弹出"倒角"对话框，单击"倒角"按钮，选择方法为"偏移距离"，设置倒角距离为1 mm，选择图6-141所示的孔边进行倒角。

（20）创建倒角2。单击应用按钮，设置倒角距离为2 mm，选择底面孔边进行倒角，如图6-142所示。

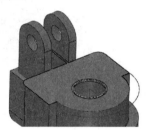
图6-141 创建倒角1

图6-142 创建倒角2

（21）绘制螺纹草图1。在顶面孔口位置以"默认CSYS_YZ"平面为草绘基准面绘制图6-143所示的螺纹草图1。

（22）创建M20×2螺纹。单击"造型"选项卡"工程特征"面板中的"螺纹"按钮，弹出"螺纹"对话框，选择上端孔面，选择螺纹草图，设置匝数为8，设置距离为2 mm，布尔运算选择"减运算"，收尾设置为"两端"，设置半径为5 mm，

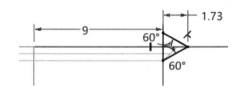
图6-143 螺纹草图1

勾选"反螺旋方向"复选框，如图6-144所示。

（23）绘制螺纹草图2。在顶面孔口位置以"默认CSYS_YZ"平面为草绘基准面绘制如图6-145所示的螺纹草图。

（24）创建M36×2螺纹。单击"造型"选项卡"工程特征"面板中的"螺纹"按钮，弹出"螺纹"对话框，选择下端孔面，选择螺纹草图，设置匝数为10，设置距离为2 mm，布尔运算选择"减运算"，收尾设置为"两端"，设置半径为10 mm，勾选"反螺旋方向"复选框，如图6-146所示。

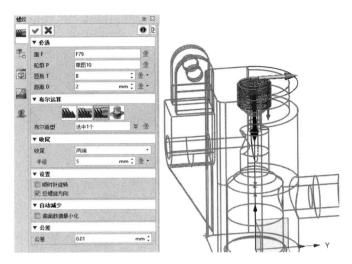

图 6-144　创建 M20 × 2 螺纹

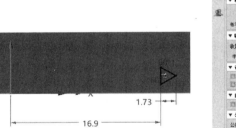

图 6-145　螺纹草图 2

图 6-146　创建 M36 × 2 螺纹

项目七　空间曲线的创建

素质目标

➢ 发展空间想象力，理解曲线在三维空间中的表现和应用
➢ 训练面对复杂问题时的分析和解决能力，提高工程问题解决能力

技能目标

➢ 绘制曲线
➢ 曲线信息查询

项目导读

空间曲线是在三维空间创建曲线，绝大部分曲线是在曲面或实体上创建曲线，空间曲线可绘制复杂的三维形状，如流线型的物体表面或动态感强烈的设计作品，增加设计的丰富性和视觉上的质感与层次感。

任务1　绘制曲线

任务引入

小明在进行建模的时候发现无法通过基本几何形状或草图轮廓来创建复杂三维形状，为了设计出流线型的物体表面或动态感强烈的作品，增加设计的丰富性和视觉上的质感与层次感，小明该进行哪些方面的学习呢？

知识准备

本任务主要介绍中望3D 2024的线框功能。线框中的部分曲线绘制功能与草图中的功能类似，不同之处在于草图仅限于一个平面，而线框可以在三维空间中绘制。线框和草图一样是构建模型的基本元素，在产品设计中应用比较广泛。中望3D 2024提供除草图外的线框功能，在曲线绘制中更加灵活，提供了更多的选择。掌握本任务中的内容，为后续复杂产品的设计打下基础。

一、边界曲线

使用"边界曲线"命令，从现有的面边线创建曲线。在某些情况下，软件识别圆和圆弧边线，并创建适当的曲线类型。

单击"线框"选项卡"曲线"面板中的"边界曲线"按钮，弹出"边界曲线"对话框，如图7-1所示。边界曲线操作示例如图7-2所示。

图7-1　"边界曲线"对话框

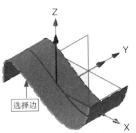

图7-2　边界曲线操作示例

二、投影到面

使用"投影到面"命令，将曲线或草图投影在面或基准面上。默认情况下，曲线垂直于面或基准面投影。使用"方向"选项，选择一个不同的投影方向。

单击"线框"选项卡"曲线"面板中的"投影到面"按钮，弹出"投影到面"对话框，如图7-3所示。该对话框中各项的含义如下所述。

（1）曲线：选择一个草图、曲线，或者插入草图。

（2）面：选择曲线投影的面或基准面。

（3）方向：默认情况下，投影方向垂直于表面。使用此选项定义一个不同的投射方向。投影曲线操作示例如图7-4所示。

图7-3　"投影到面"对话框

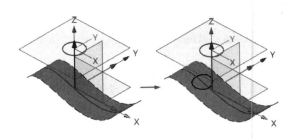

图7-4　投影曲线操作示例

（4）双向投影：勾选该复选框，则将曲线投影在所选方向的正向和负向两个方向上。

（5）面边界修剪：勾选该复选框，则仅投影至面的修剪边界。

三、相交曲线

使用"相交曲线"选项，在两个或多个面、开放造型或实体的相交处，创建一条或多条曲线。

单击"线框"选项卡"曲线"面板中的"相交曲线"按钮 ，弹出"相交曲线"对话框，如图7-5所示。相交曲线操作示例如图7-6所示。

图7-5　"相交曲线"对话框

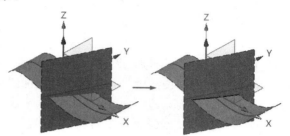

图7-6　相交曲线操作示例

案例——凸轮曲线

本案例绘制如图7-7所示的凸轮曲线。

（1）创建圆柱体。以原点为中心创建半径为85 mm，长度为65 mm的圆柱体，如图7-8所示。

（2）绘制草图1。以"默认CSYS_XZ"平面为草绘基准面，绘制草图1，如图7-9所示。

（3）创建凸轮曲线。单击"线框"选项卡"曲线"面板中的"缠绕于面"按钮 ，弹出"缠绕于面"对话框，缠绕

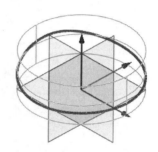

图7-7　凸轮曲线

类型选择基于长度缠绕，选择草图1，选择圆柱面，指定原点坐标为（0,0,0），如图7-10所示。隐藏草图1后结果如图7-11所示。

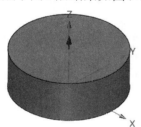

图7-8　圆柱体

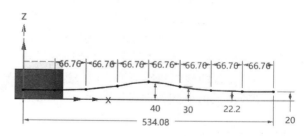

图7-9　草图1

图7-10　缠绕于面参数设置

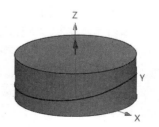

图7-11　缠绕于面

四、面曲线

"面曲线"命令可以创建其他分型线命令不需要的普通面曲线（分型线）。可从选择的面，或者从草图和三维曲线的投影中快速地创建面曲线。

单击"线框"选项卡"曲线"面板中的"面曲线"按钮，弹出"面曲线"对话框，如图7-12所示。对话框中提供了两种创建面曲线的方法。

（1）边创建面曲线：使用边创建面曲线从包围所选面的边中创建面曲线。

①面：选择要创建面曲线的面。至少需选择一个面。

②边：选择要创建面曲线的边。如果没有选择边，则面区域（由所选面组成）的所有边界都会创建为面曲线。面曲线操作示例如图7-13所示。

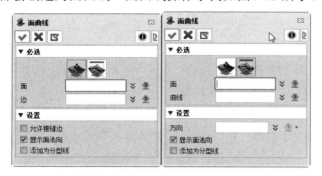

图7-12　"面曲线"对话框

图7-13　面曲线操作示例

③添加为分型线：勾选该复选框，则将选中的边添加为分型线。

（2）投影线创建面曲线：使用投影线创建面曲线是通过投影曲线、草图、曲线列表和边到所选的面来创建面曲线方法。该方法与"投影到面"命令很相似。

①曲线：选择要投影到所选面上的曲线、草图、曲线列表和边，如果面曲线不属于所选面，也可投影面曲线。该命令会尝试投影所有的选择到所选面上。

②方向：设置曲线的投影方向，曲线沿指定的方向投影到选择面上。如果没有指定方向，则沿曲线到所选面的最短方向投影曲线。

五、轮廓曲线

使用"轮廓曲线"命令，根据指定方向，创建轮廓曲线。

单击"线框"选项卡"曲线"面板中的"轮廓曲线"按钮，弹出"轮廓曲线"对话框，如图7-14所示。对话框中提供了两种创建轮廓曲线的方法。

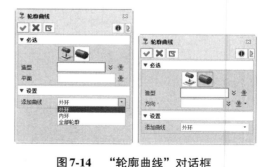

图7-14　"轮廓曲线"对话框

（1）投影轮廓曲线到平面：使用此选项，将造型的轮廓投影到一个平面上，或者创建轮廓曲线。可指定只显示造型轮廓的外部环或所有曲线，如图7-15（a）所示。

（2）方向轮廓曲线：使用此选项，根据指定的脱模方向，在所选曲面上创建轮廓曲线，如图7-15（b）所示。

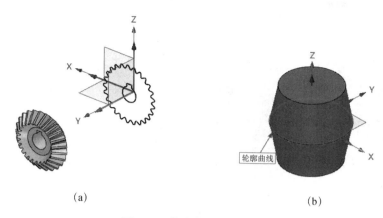

(a)　　　　　　　　　　　　　　　　(b)

图7-15　轮廓曲线操作示例

六、合并投影

"合并投影"命令通过投影两条曲线来创建一条或多条新曲线。新曲线为曲线投影的相交部分，两条曲线的投影必须相交，否则将提示命令执行失败。

单击"线框"选项卡"曲线"面板中的"合并投影"按钮，弹出"合并投影"对话框，如图7-16所示。对话框中各项的含义如下所述。

（1）曲线1：选择要投影的第一条曲线。可以是任意线框曲线、草图曲线或面边。

（2）投影方向1：指定曲线1的投影方向。可以将曲线投影在所选方向的正向和负向上。

（3）曲线2：选择要投影的第二条曲线。

（4）投影方向2：指定曲线2的投影方向。

合并投影操作示例如图7-17所示。

图7-16　"合并投影"对话框

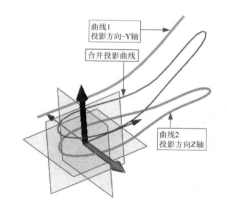

图7-17　合并投影操作示例

七、偏移（3D）

"偏移"命令通过偏移曲线、曲线链或边缘，创建另一条曲线。

单击"线框"选项卡"曲线"面板中的"偏移"按钮，弹出"偏移"对话框，如图7-18所示。对话框中提供了两种创建偏移的方法。

图7-18　"偏移"对话框

（1）三维偏移 ：对三维偏移，选择最符合逻辑的偏移平面。按偏移距离的正负判断偏移方向。

①偏移类型：选择距离或法向作为偏移模式。

a. 距离：对位于同一平面的空间曲线或草图进行整体偏移。支持同时选择同一平面内的多条曲线偏移，如图7-19（a）所示。

b. 法向：对三维空间曲线进行偏移，如图7-19（b）所示。

②曲线：选择要偏移的曲线或边缘。

③距离：指定偏移距离。偏移距离的正负确定偏移方向。

（2）曲面偏移 ：在面上偏移，面上的曲线以指定距离进行偏移。可以选择延伸方法。

①偏移类型：选择法向偏移或曲面偏移作为偏移模式。法向偏移和曲面偏移操作示例分别如图7-20（a）和图7-20（b）所示。

②曲线：选择要偏移的曲线或边缘。

③面：选择要投影至其上的面或基准面。

④距离：指定偏移距离。偏移距离的正负确定偏移方向。

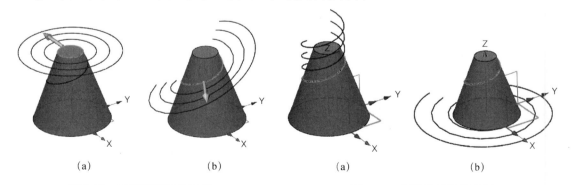

（a）　　　　　　　　　（b）	（a）　　　　　　　　　（b）
图7-19　三维偏移操作示例	图7-20　曲面偏移操作示例

八、3D中间曲线

使用"3D中间曲线"命令在两条曲线、圆弧或两个圆的中间创建一条曲线。中间曲线上的任何点到两条曲线的距离均相等。

单击"线框"选项卡"曲线"面板中的"3D中间曲线"按钮，弹出"3D中间曲线"对话框，如图7-21所示。对话框中各项的含义如下所述。

（1）曲线1和曲线2：选择第1条和第2条曲线。两条曲线相隔的距离可以保持相等，也可以不相等。两条曲线为二维曲线或三维曲线。若曲线在维度上混合在一起，合成曲线将适应激活对象的维度（零件对象为三维或草图对象为二维）。该命令将定位最接近的中间曲线。

（2）方法：选择控制靠近其端点的中间曲线的形状。

①等距-中分端点：中间曲线的两个端点为两曲线端点连线的中点，如图7-22（a）所示。

②等距-等距端点：该选项将计算端点周围的精确二等分点。即从中间曲线的端点到两条曲线（并非其端点）的垂直距离相等。中间曲线在数学上定义为通过两条曲线间一组等距点的曲线，因此，"等距端点"选项更接近定义，如图7-22（b）所示。

③中分：系统在两条曲线上采样，并将采样点依次连接。中间曲线为通过各连接线中点依次拟合的曲线，如图7-22（c）所示。

图7-21　"3D中间曲线"对话框

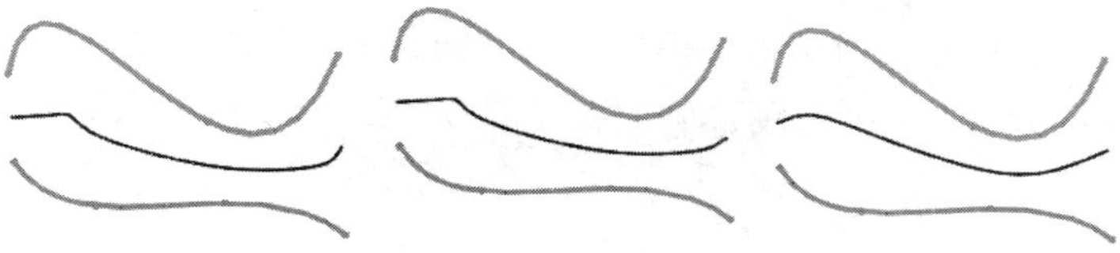

（a）　　　　　　　　（b）　　　　　　　　（c）

图7-22　3D中间曲线操作示例

九、螺旋曲线

使用"螺旋曲线"命令在平面中创建一条螺旋曲线。可指定该曲线的旋转方向为顺时针或逆时针。双击曲线可对其进行修改。

单击"线框"选项卡"曲线"面板中的"螺旋曲线"按钮，弹出"螺旋曲线"对话框，如图7-23所示。对话框中各项的含义如下所述。

（1）起点：选择螺旋曲线的起始点。该点与"轴"选项将确定曲线所在的平面及第一圈螺旋的半径值。

（2）轴：指定螺旋轴，可以是坐标轴、任一直线或点。

（3）转数：指定螺旋曲线的转数。

（4）偏移：指定每转的偏移值，即相邻两转间的距离。正值为向外偏移，负值为向内偏移。

（5）顺时针旋转：勾选该复选框，螺旋曲线关于指定轴沿顺时针旋转。反之，沿逆时针旋转。

（6）参考方向：设置螺旋曲线旋转的参考方向。

（7）角度：设置螺旋曲线的角度。

螺旋曲线操作示例如图7-24所示。

图7-23 "螺旋曲线"对话框

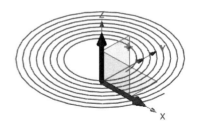

图7-24 螺旋曲线操作示例

十、螺旋线

使用"螺旋线"命令创建一条绕轴盘旋的曲线。通过沿轴线和沿路径两种方式创建螺旋线，再根据可变螺距和可变半径的创建方式更加精细地控制螺旋线的形状。

单击"线框"选项卡"曲线"面板中的"螺旋线"按钮 🧵，弹出"螺旋线"对话框，如图7-25所示。对话框中提供了两种创建螺旋线的方法。

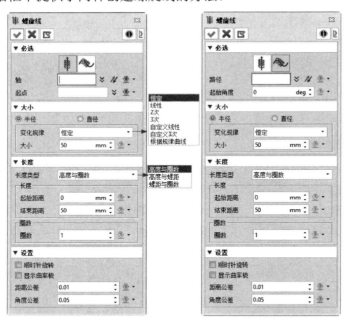

图7-25 "螺旋线"对话框

（1）通过向量 🧵：通过向量即沿轴线，沿某一个矢量方向创建螺旋线。

①起点：选择起点。

②轴：可选直线、曲线、边、轴，单选输入，作为创建螺旋线的轴线。

③变化规律：可选择恒定、线性、2次、3次、自定义线性、自定义3次和根据规律曲线。如图7-26（a）所示为变化规律为恒定的操作示例。

④大小：根据选择的大小是半径还是直径来定义值。

⑤长度类型：螺旋线总长度的定义方式有三种：高度与圈数、高度与螺距、螺距与圈数。

⑥起始距离和结束距离：输入一个距离值，两个值都是相对于螺旋线轴线的起点，沿轴线方向的距离值，可以是正数或负数。起始距离到结束距离这一段长度为螺旋线实际创建的长度。

⑦圈数：输入螺旋线的圈数。

（2）通过路径🐚：通过路径是指沿某一路径创建螺旋线。路径可以是单段的直线、圆弧、自由曲线或是多根线拼接。多根线拼接时必须要是连续且相切的曲线才能被选为轴线。如图7-26（b）所示为变化规律为恒定的操作示例。

①路径：路径可以是单段的直线、圆弧、自由曲线或多根线拼接。多根线拼接时必须是连续且相切的曲线才能被选为轴线。

②起始角度：用户指定一点（不能选择路径上的点）作为起始角度。规则与沿轴线模式一致，区别为仅影响螺旋线起始角度，不影响螺旋线的起始点。使用法向平面的 X 轴为0度角。

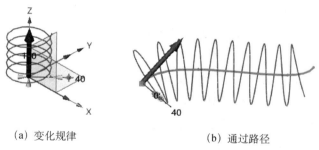

(a) 变化规律　　　　　　　　　　(b) 通过路径

图7-26　螺旋线操作示例

案例——弹簧

本案例创建如图7-27所示的弹簧。

（1）单击"线框"选项卡"曲线"面板中的"螺旋线"按钮🪡，弹出"螺旋线"对话框，选择"通过向量📍"选项，轴选择 Y 轴，设置起点的绝对坐标为（35,0,0），大小选择半径，变化规律选择"3次"，设置起始大小为20 mm，设置结束大小为50 mm；长度类型为"高度与螺距"，设置长度的起始距离为0，设置结束距离为200 mm；螺距的变化规律选择"线型"，设置起始螺距为20 mm，设置结束螺距为30 mm，结果如图7-28所示。

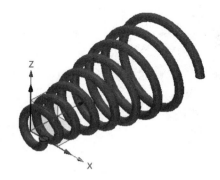

图7-27　弹簧

（2）以"默认CSYS_XY"平面为草绘基准面，绘制草图1，如图7-29所示。

（3）单击"造型"选项卡"基础造型"面板中的"扫掠"按钮📦，弹出"扫掠"对话框，选择草图1作为轮廓，选择螺旋线作为路径，单击"确定"按钮，结果如图7-27所示。

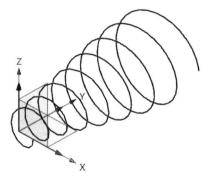

图7-28　螺旋线

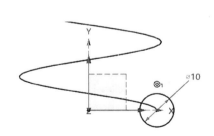

图7-29　草图1

十一、线框文字

使用"线框文字"命令，可在零件环境中直接创建文字。

单击"线框"选项卡"曲线"面板中的"线框文字"按钮 ，弹出"线框文字"对话框，如图7-30所示。对话框中提供了3种创建文字的方法。

（1）沿平面：文字沿平面展开，操作示例如图7-31（a）所示。

①原点：选择起始点，以定位文字。文字可从曲线端点、沿曲线的任意处或曲线外的任意处开始。

②文字：输入创建的字符串。单击其后的"文字编辑器"按钮 Ａ̷，可编辑文字内容。

图7-30　"线框文字"对话框

③平面：选取放置文字的平面。

④投影原点到平面：勾选该复选框，则将文字投影到平面上。

⑤字体：从预定义字体中选择字体。

⑥样式：选择一个文字样式（支持常规、斜体、加粗和加粗斜体）。

⑦尺寸：输入文字高度。

⑧间距：输入字符与字符之间的距离。

（2）沿曲线：文字沿曲线展开，操作示例如图7-31（b）所示。

①曲线：选取要创建文字的曲线。

②水平反转：勾选该复选框，则字符沿着水平方向反转。

③镜像：勾选该复选框，则线框文字的字符显示为镜像。

（3）沿曲面：文字沿曲面展开，操作示例如图7-31（c）所示。

①曲线：选取要创建文字的曲线。

②面：选择要创建文字的面。

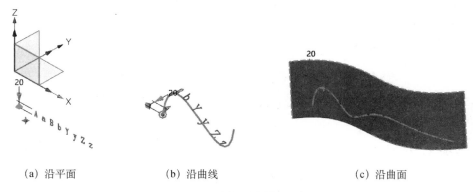

(a) 沿平面　　　　　　(b) 沿曲线　　　　　　(c) 沿曲面

图7-31　线框文字操作示例

十二、曲线列表

在中望 3D 2024 的某些功能中只允许选择一条曲线，而所用曲线是由多条曲线组成的，此时需用"曲线列表"命令进行组合。该命令可从一组端到端连接曲线或边创建一个曲线列表。该命令仅作为选择目的使用。"曲线列表"也在许多命令里作为输入选项 。

单击"线框"选项卡"曲线"面板中的"曲线列表"按钮 ，弹出"曲线列表"对话框，如图7-32 所示。对话框中提供了 2 种创建曲线列表的方法。

（1）来源于整个实体 ：使用此选项，从一组端到端连接的曲线或边创建一个曲线列表。此选项可使多个曲线合并为一个单项选择，创建曲面时可使用此选项。

在本选项中，曲线并非实际的合并（连接）或修改。

（2）来源于相交的部分实体 ：此选项可自动找到所选几何的交点，然后仅使用交点曲线部分作为曲线列表的一部分，用户可基于同一个曲线集，生成不同的曲线列表，从而得到不同的几何形状。

曲线列表操作示例如图7-33 所示。

图7-32　"曲线列表"对话框

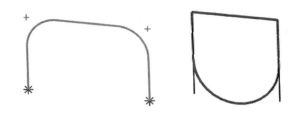

图7-33　曲线列表操作示例

任务2　曲线信息

任务引入

在造型的过程中小明发现，在某些情况下需要精确测量曲线长度、需要对曲线或曲面进行高级数学建模和精细调整、需要分析和优化曲线平滑度和连续性，那么，此时小明该使用什么命令来达到目的呢？

知识准备

当需要对曲线进行详细分析或在进行复杂的设计工作时，需要了解曲线的基本信息，以帮助设计师理解曲线的属性，包括它的基本参数、位置等，从而更好地开展后续工作。

一、长度

使用"长度"命令，在任何直线、圆弧、曲线或边缘上查询曲线长度。可通过选择多个测量项，来查询长度的总和。在草图中可测量外部参考曲线的长度。

单击"线框"选项卡"曲线信息"面板中的"长度"按钮，弹出"长度"对话框和"测量长度"对话框，如图 7-34 所示。选择一条曲线，则在"测量长度"对话框中显示当前曲线的长度和所有曲线的总长度。测量长度操作示例如图 7-35 所示。

图 7-34 "长度"对话框和"测量长度"对话框　　　　　图 7-35 测量长度操作示例

二、NURBS 数据

使用"NURBS 数据"命令，查询直线、圆弧、曲线或边缘的 NURBS 数据。

单击"线框"选项卡"曲线信息"面板中的"NURBS 数据"按钮，弹出"NURBS 数据"对话框，如图 7-36 所示。选择一条曲线，弹出"查询 NURBS 数据信息"对话框，如图 7-37 所示。

图 7-36 "NURBS 数据"对话框　　　　　图 7-37 "查询 NURBS 数据信息"对话框

三、曲率图

使用"曲率图"命令，显示曲线或边缘的曲率图。该图显示为从曲线垂直投射出的线段。各个线段的长度表示曲线上该点的曲率。此命令有助于把横跨一条曲线或边缘的整体曲率形象化。当选择每个新曲线时，软件自动计算新的缩放比例，并将其应用于所选择的曲线上。当选中曲线/边缘时，曲率图将一直保持显示，进行平移、缩放或旋转等操作也是如此。

单击"线框"选项卡"曲线信息"面板中的"曲率图"按钮，弹出"曲率图"对话框，如图 7-38 所示。选择一条曲线，曲率图操作示例如图 7-39 所示。

图 7-38 "曲率图"对话框

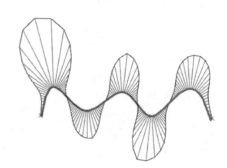

图 7-39 曲率图操作示例

项 目 实 战

实战 叶轮

本案例的内容为创建如图 7-40 所示的叶轮。

【操作步骤】

（1）在"默认 CSYS_XZ"平面上绘制草图 1，如图 7-41 所示。

（2）单击"造型"选项卡"基础造型"面板中的"旋转"按钮，弹出"旋转"对话框，选择草图 1 创建旋转实体，如图 7-42 所示。

图 7-40 叶轮

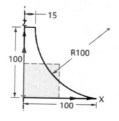

图 7-41 草图 1

图 7-42 旋转实体

（3）在"默认CSYS_XZ"平面上绘制草图2，如图7-43所示。

（4）单击"线框"选项卡"曲线"面板中的"投影曲线"按钮📇，弹出"投影曲线"对话框，选择草图2的曲线，再选择旋转曲面，设置投影方向为-Y轴，如图7-44所示。

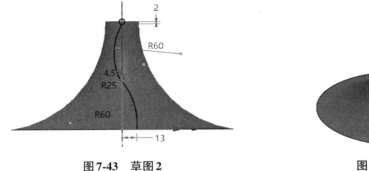

图7-43　草图2　　　　　　　　　　　　　　图7-44　投影曲线

（5）单击"线框"选项卡"曲线"面板中的"曲线列表"按钮⌒，弹出"曲线列表"对话框，选择投影曲线创建曲线列表。

（6）单击"造型"选项卡"基准面"面板中的"基准面"按钮📇，弹出"基准面"对话框，以"默认CSYS_XZ"平面为参照，设置偏移距离为100 mm，创建平面1，如图7-45所示。

（7）在平面1上绘制草图3，如图7-46所示。

（8）单击"造型"选项卡"基础造型"面板中的"放样"按钮，弹出"放样"对话框，依次选择两条曲线，箭头位置和方向应一致。布尔运算选择"基体"，放样曲面如图7-47所示。

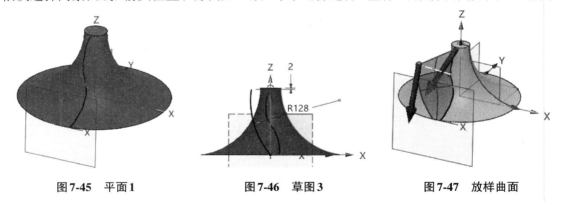

图7-45　平面1　　　　　　　图7-46　草图3　　　　　　　图7-47　放样曲面

（9）单击"造型"选项卡"编辑模型"面板中的"加厚"按钮，弹出"加厚"对话框，类型选择"片体"，选择（8）中创建的放样曲面，选择单侧加厚，偏移设置为2 mm，如图7-48所示。

（10）在"默认CSYS_YZ"平面上绘制草图4，如图7-49所示。

（11）单击"造型"选项卡"基础造型"面板中的"旋转"按钮，弹出"旋转"对话框，选择草图4，选择Z轴作为旋转轴，旋转类型选择"1边"，设置结束角度为360°，布尔运算选择"减运算"，布尔造型选择加厚实体，结果如图7-50所示。

（12）单击"线框"选项卡"曲线"面板中的"边界曲线"按钮📇，弹出"边界曲线"对话框，选择旋转实体底面边线，如图7-51所示。

（13）单击"造型"选项卡"基础造型"面板中的"拉伸"按钮，弹出"拉伸"对话框，选择边界曲线，拉伸类型选择"1 边"，设置结束点为 20 mm，布尔运算选择"减运算"，布尔造型选择加厚实体，如图 7-52 所示。

图 7-48　曲面加厚

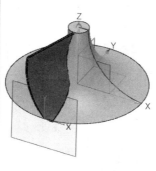

图 7-49　草图 4

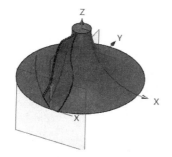

图 7-50　旋转切除

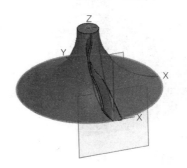

图 7-51　选择边线

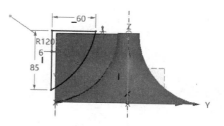

图 7-52　拉伸切除

图 7-53　选择圆角边

（14）单击"造型"选项卡"工程特征"面板中的"圆角"按钮，弹出"圆角"对话框，选择图7-53所示的两条边进行圆角操作，圆角半径设置为2 mm，单击应用按钮。继续选择图7-54所示的边进行圆角操作，设置半径为0.5 mm。

（15）单击"造型"选项卡"基础编辑"面板中的"阵列几何体"按钮，弹出"圆角"对话框，阵列类型选择"圆"，基体选择加厚实体，方向选择Z轴，设置数目为16，设置角度为24°，布尔运算选择"加运算"，布尔造型选择旋转实体，如图7-55所示。

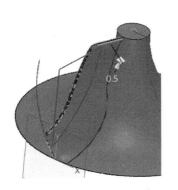

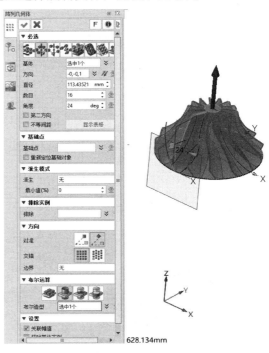

图7-54　选择圆角边　　　　　　　　　　　图7-55　阵列参数设置

（16）以旋转实体的底面为草绘基准面，绘制草图5，如图7-56所示。

（17）单击"造型"选项卡"基础造型"面板中的"拉伸"按钮，弹出"拉伸"对话框，选择草图5进行拉伸，设置高度为10 mm，布尔运算选择"加运算"，布尔造型选择旋转实体，结果如图7-57所示。

（18）单击"造型"选项卡"工程特征"面板中的"圆角"按钮，弹出"圆角"对话框，选择图7-58所示的两条边进行圆角，设置圆角半径为2 mm。

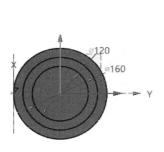

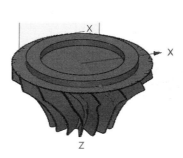

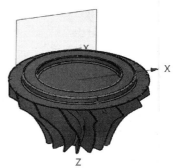

图7-56　绘制草图5　　　　　图7-57　创建拉伸实体　　　　　图7-58　创建圆角

　　（19）单击"造型"选项卡"工程特征"面板中的"孔"按钮，弹出"孔"对话框，孔类型选择"常规孔"，选择旋转实体顶面圆心为放置位置，孔造型选择"简单孔"，设置直径为 20 mm，结束端设置为"通孔"，结果如图 7-59 所示。

　　（20）在历史管理器中选中所有的草图和平面，右击，在弹出的快捷菜单中选择"隐藏"命令，结果如图 7-60 所示。

图 7-59　创建孔

图 7-60　隐藏草图和平面后的实体

项目八　曲面造型

素质目标

➢ 发挥创造力，设计出既美观又实用的产品，培养创新思维和解决问题的能力
➢ 提高遵守法律法规和职业道德的意识

技能目标

➢ 基础曲面造型
➢ 编辑面
➢ 编辑边

项目导读

中望 3D 2024 不仅提供基本的造型模块，还提供强大的自由曲面特征建模模块，有多种自由曲面造型的创建方式，用户可以利用它们完成各种复杂曲面及非规则实体的创建。用户在创建一个曲面后，还需要对其进行相关的操作和编辑。

任务1　基础曲面造型

任务引入

小明正在从事某个设计项目，他需要设计一个具有复杂外观的产品，该产品的设计需要精确和高质量的曲面。那么，小明该如何扩展自己的技能范围，学习更多高级的技术来满足设计需求呢？

知识准备

本任务主要介绍中望 3D 2024 曲面功能。曲面功能是产品设计中必不可少的高级造型工具，掌握曲面工具，提升产品设计能力。曲面功能为产品设计提供了便捷的方法，使用户在造型应用中更加易于控制，将这些曲面工具与造型工具配合使用，可以设计出更加复杂的产品。

一、直纹曲面

使用"直纹曲面"命令根据两条曲线路径间的线性横截面创建一个直纹曲面。

单击"曲面"选项卡"基础面"面板中的"直纹曲面"按钮 ，弹出"直纹曲面"对话框，如图8-1所示。该对话框中各项的含义如下所述。

（1）路径1和路径2：选择曲线路径。

（2）尝试剪切平面：勾选该复选框，当构建直纹面的两条线在同一平面上时，构建出来的直纹面可以用一个裁剪平面代替；不勾选该复选框，则直纹面按选择的边界生成平面。

直纹曲面示例如图8-2所示。

图8-1 "直纹曲面"对话框

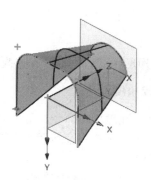

图8-2 直纹曲面示例

二、U/V曲面

使用"U/V曲面"命令，通过桥接所有的U曲线和V曲线组成的网格，创建一个面。该曲线可以为草图、线框曲线或面边线。这些曲线必须相交，但它们的终点可以不相交。

单击"曲面"选项卡"基础面"面板中的"U/V曲面"按钮 ，弹出"U/V曲面"对话框，如图8-3所示。该对话框中各项的含义如下所述。

（1）曲线段：分别选择U曲线和V曲线的曲线段。单击鼠标中键，则该线段被键入到曲线列表中。单击"反向"图标 即可反转曲线方向。

（2）U曲线、V曲线：先在 U 方向选择曲线列表，再在 V 方向选择。当选择曲线时，选取靠近曲线结束端的点，表示方向相同。结束曲线支持分型线。

（3）不相连曲线段作为新的U/V线：默认勾选此复选框，当下一个曲线选择是一个完全不相连不相交的曲线时，它会自动开始一个新的列表。

（4）应用到所有：勾选该复选框，则修改其中一个边界的连续方式时，其他3个会同时修改。

（5）起始（结束）U/V边界：设置边界边线与连接的边和面相切/连续。可选择"G0""G1""G2""法向"。当选择"G1""G2"时，需要设置与边界相接的面和权重。

（6）拟合公差：为拟合曲线指定公差。

（7）间隙公差：为拼接曲线指定公差。

（8）延伸到交点：勾选该复选框，当所有曲线在一个方向相交于一点时，曲面会延伸到相交点而不是终止在最后一条相交曲线。

U/V曲面示例如图8-4所示。

图8-3　　"U/V 曲面"对话框

图8-4　U/V 曲面示例

三、成角度面

使用"成角度面"命令，基于现有的一个面、多个面或基准面，以一个特定的角度创建新的面。新的面派生于投射在所选面上的一条曲线、曲线列表或草图。这些曲线、曲线列表或草图也可以位于面上。

单击"曲面"选项卡"基础面"面板中的"成角度面"按钮 ，弹出"成角度面"对话框，如图8-5所示。该对话框中各项的含义如下所述。

（1）面：选择曲线要投射的一个面、多个面或基准面。新面将从投射曲线开始。

（2）曲线：选择要投射的曲线、曲线列表或草图。可单击鼠标中键创建要投射的新草图。

（3）类型：指定延伸类型，可选择"1边""2边""对称"。

（4）距离1/距离2：指定新面应该延伸的距离。新面开始于曲线投射的位置，并向外（或向内）延伸此距离。当选择对称延伸时，两个延伸距离相等。

（5）角度：指定新面相对于所选面的角度。角度为0将产生垂直于所选面的面。角度为±90°将产生与所选面相切的面。

（6）方向：该选项可以指定曲线投射的方向。默认情况下，曲线垂直（如正交）于面。

（7）双向投影：勾选该复选框，则在两个方向上投射曲线。

成角度面示例如图8-6所示。

图8-5　　"成角度面"对话框

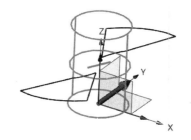

图8-6　成角度面示例

四、FEM面

使用"FEM面"命令，穿过边界曲线上的点的集合，拟合一个单一的面。

单击"曲面"选项卡"基础面"面板中的"FEM面"按钮，弹出"FEM面"对话框，如图8-7所示。该对话框中部分选项含义如下。

（1）边界：选择边界曲线。可使用线框曲线、草图、边线和曲线列表。

（2）U素线、V素线次数：指定结果面在 U 方向上和 V 方向上的次数。它指的是方程式在各个方向上定义的次数。较低次数的面精确度较低，需要较少的存储和计算时间；较高次数的面与此相反。在大多数情况下，默认值为3将产生出优质的面。

（3）曲线：选择控制曲线。

（4）点：选择点定义曲面的内部造型。

（5）法向：在点上指定一个可选的曲面法向。

（6）连续方式：指定FEM面的连续性方式。可设置为相切连续或曲率连续。

FEM面示例如图8-8所示。

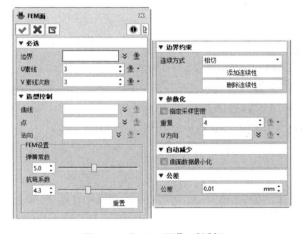

图8-7 "FEM面"对话框

图8-8 FEM面示例

五、N边形面

使用"N边形面"命令可通过修补三个或多个轮廓来创建一个面。该轮廓可以为线框几何体、草图或面边线。

单击"曲面"选项卡"基础面"面板中的"N边形面"按钮，弹出"N边形面"对话框，如图8-9所示。该对话框中部分项的含义如下所述。

（1）边界：选择边界曲线。可使用线框曲线、草图、边和曲线列表。这些曲线类型的任何组合中的相切都是保留的。

（2）边界相切：勾选该复选框，强迫边界边与面连续相切。

（3）拟合：使用"拟合"选项拟合曲线有助于避免出现不正常的特征。

①不调整：不拟合曲线。

②相切：拟合的曲线在整个长度中连续相切。

③曲率：拟合的曲线是曲率连续相切的。

④直接：一个更直接的逼近方法。它可以帮助组合的边界曲线均衡参数间距，避免"收聚"。

N边形面示例如图8-10所示。

图8-9　"N边形面"对话框

图8-10　N边形面示例

六、圆顶

使用"圆顶"命令从轮廓创建一个圆顶曲面。

单击"曲面"选项卡"基础面"面板中的"圆顶"按钮，弹出"圆顶"对话框，如图8-11所示。对话框中提供了3种创建圆顶的方法，具体如下所述。

方法一：光滑闭合圆顶。此方法的结果类似于"N边形面"命令。为光滑边界的轮廓创建圆顶时，使用该方法最佳。光滑闭合圆顶示例如图8-12（a）所示。

（1）边界B：选择一个基础轮廓定义该圆顶。该轮廓可以为一个草图、曲线、面边界或一个曲线列表。

（2）高度H：输入冠顶高度。

（3）方向：为圆顶指定一个不同的方向。

（4）位置：为圆顶指定一个不同的位置。

（5）连续方式：选择连续方式选项，定义圆顶与配对边缘面相连的方式，然后移动滑动块设置相切或曲率的大小。

①无：不连续。

②相切：圆顶相切于配对的边缘面。可设置相切系数。

③曲率：圆顶与配对边缘面相切，且曲率连续。

（6）横穿边线/在方向上：可以决定放样应该如何横穿轮廓边界。

方法二：FEM圆顶。该方法的结果类似于FEM面命令。当使用该方法时，连续方式选项和相切系数滑动块不能使用。当为直线和弧线组合的轮廓创建圆顶时，使用该方法最佳。FEM圆顶示例如图8-12（b）所示。

方法三：角部圆顶。该方法创建圆顶为三曲线放样，而不是单一放样到一个点。角部圆顶示例如图8-12（c）所示。

（1）冠顶：设置冠顶选项为相切或曲率，以定义圆顶的顶部冠顶与圆顶侧墙相连的方式。

（2）优化连续方式：勾选该复选框，使得该圆顶特征尽量与所选轮廓保持曲率连续。

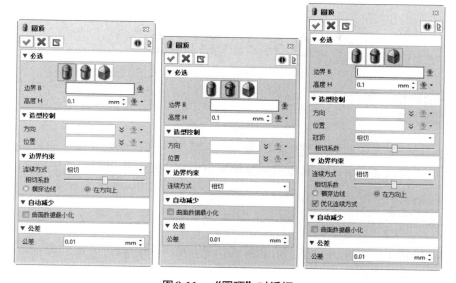

图8-11　"圆顶"对话框

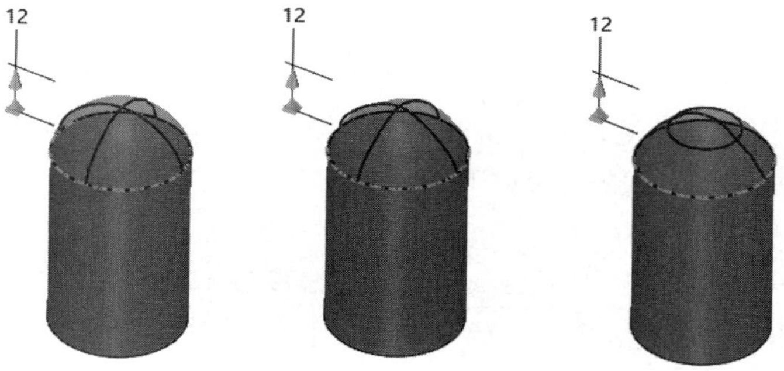

（a）光滑闭合圆顶　　　　（b）FEM圆顶　　　　（c）角部圆顶

图8-12　圆顶示例

七、修剪平面

使用"修剪平面"命令创建一个修剪了一组边界曲线的二维平面。

单击"曲面"选项卡"基础面"面板中的"修剪平面"按钮🐌，弹出"修剪平面"对话框，如图8-13所示。修剪平面操作示例如图8-14所示。

图8-13　"修剪平面"对话框

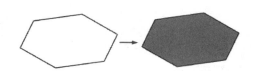

图8-14　修剪平面操作示例

任务2　编辑面

任务引入

虽然小明已经学习了曲面造型技术，但如果想要更加高效地处理复杂的曲面形状，完成特殊的几何形状或设计约束，小明还需要继续学习和探索哪些更深层次的知识？

知识准备

曲面编辑提供了多种工具和技术，能够灵活地探索不同的设计方案。无论是整体形状的调整还是局部细节的优化，都可以通过曲面编辑来实现。

一、偏移

使用"偏移"命令从一个面，以一个特定的距离，创建一个新的面偏移。可同时偏移多个面。

单击"曲面"选项卡"编辑面"面板中的"偏移"按钮🦋，弹出"偏移"对话框，如图8-15所示。该对话框中各项的含义如下所述。

（1）面：选择要偏移的面。

（2）偏移：指定偏移距离。正值或负值决定了偏移的方向。

（3）点：选择位于所选面上的一个点来设定一个变量属性。

（4）偏移：为属性指定一个偏移值。

（5）列表：指定点和偏移值后，单击鼠标中键，该点和其对应的偏移值会作为一条记录加入到列表中。双击列表中的记录，将该记录的值填充到对应的字段再重新编辑。可选择不同的点并设置不同的偏移值。

偏移操作示例如图8-16所示。

图8-15　"偏移"对话框

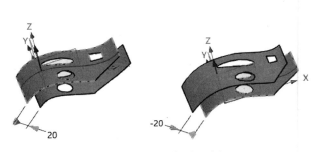

图8-16　偏移操作示例

二、曲线分割

使用"曲线分割"命令，将面或造型在一条曲线或曲线的集合处进行分割。如果曲线互相交叉，结果面上会反映出分支。

单击"曲面"选项卡"编辑面"面板中的"曲线分割"按钮 ，弹出"曲线分割"对话框，如图8-17所示。该对话框中各项的含义如下所述。

（1）面：设置选择过滤器为面或造型，然后选择要切割的面或造型。

（2）曲线：选择位于面或造型上的分割曲线。如果该字段为空且所选的面相交，软件会自动在相交处创建分割曲线。

（3）投影：控制修剪曲线投影在目标面的方法。当命令完成时，此选项总是默认设定回到"不动（无）"。

①不动（无）：没有投影。曲线必须位于要修剪的面上。

②面法向：曲线在要修剪的面的法向上投影。

③单向：设置投影方向为单向。此时需要在"方向"选项中指定投影方向。

④双向：该选项允许在所选的投影轴的正负方向同时进行投影。如果修剪曲线与要修剪的面有交叉，该选项可以简化此修剪过程。

（4）沿曲线炸开：勾选"沿曲线炸开"复选框，则所有新的边缘曲线将不缝合该造型。

（5）延伸曲线到边界：勾选"延伸曲线到边界"复选框，则尽可能地将修剪曲线自动延伸至要修剪的曲面集合的边界上。延伸是线性的，且开始于修剪曲线的端部。

如果投影方法设置为"不动（无）"，勾选该复选框，投影方法将被重置为"面法向"。这有助于避免可能出现的曲线延伸问题。

（6）移除毛刺和面边：默认为勾选状态，用来删除多余的毛刺和分割面的边。一般情况下，建议用户保持默认的勾选状态。

曲线分割操作示例如图8-18所示。

图8-17　"曲线分割"对话框　　　　图8-18　曲线分割操作示例

三、曲面分割

使用"曲面分割"命令分割面、造型或基准面相交的面或造型。可得到两个不同的面或造型。

单击"曲面"选项卡"编辑面"面板中的"曲面分割"按钮 ，弹出"曲面分割"对话框，如图8-19所示。该对话框中各项的含义如下所述。

（1）面：选择要分割的面或造型。

（2）分割体：选择用来分割的面、造型或基准面。

（3）延伸分割面：勾选该复选框，则可以自动延伸分割面，跨越要修剪的造型。

（4）沿新边炸开：勾选该复选框，则所有新的边缘曲线将不缝合该造型。

（5）保留分割面：勾选该复选框，则选中此框保留用于分割的面。

曲面分割操作示例如图8-20所示。

图8-19 　"曲面分割"对话框

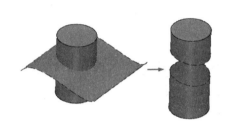

图8-20 　曲面分割操作示例

四、曲面修剪

使用"曲面修剪"命令修剪面或造型与其他面、造型和基准面相交的部分。修剪的对象可以是自己与自己相交的某部分。该命令也可以用于修剪一个实体，但获得的结果是一个开放的造型。

单击"曲面"选项卡"编辑面"面板中的"曲面修剪"按钮，弹出"曲面修剪"对话框，如图8-21所示。该命令与曲面分割很相似，不同之处在于，"曲面修剪"命令需要选择要保留的部分。曲面修剪操作示例如图8-22所示。

图8-21 　"曲面修剪"对话框

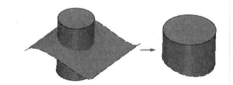

图8-22 　曲面修剪操作示例

五、曲线修剪

使用"曲线修剪"命令，用一条曲线或曲线的集合将面或造型修剪。曲线可以互相交叉，但是分支将会从修剪后的面上移除（修剪面将被清理）。

单击"曲面"选项卡"编辑面"面板中的"曲线修剪"按钮，弹出"曲线修剪"对话框，如图8-23所示。曲线修剪操作示例如图8-24所示。

图8-23　"曲线修剪"对话框

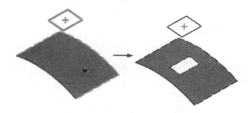

图8-24　曲线修剪操作示例

六、圆角开放面

使用"圆角开放面"命令，在两个面或造型之间创建圆角。需输入要倒圆角的面和圆角半径。

单击"曲面"选项卡"编辑面"面板中的"圆角开放面"按钮🗝，弹出"圆角开放面"对话框，如图8-25所示。该对话框中各项的含义如下所述。

（1）面1/2：选择要倒圆角的第1/2个面或造型。箭头表示指向的那一侧要倒圆角。

（2）面反向：勾选"面反向"复选框，则反转箭头至反方向，也可直接单击图形窗口中的箭头，使其反向。

（3）半径：指定圆角半径。

（4）基础面：使用"基础面"选项修改支撑面。

①无操作：基准面保持不变。

②分割：沿相切的圆角边分割基准面。

③修剪：分割并修剪基准面。

④缝合：分割、修剪并缝合基准面。

（5）圆角面：包括3种操作方式。

①最大：修剪圆角至面边界中宽的一边。

②最小：修剪圆角至面边界中窄的一边。

③相切匹配：创建与两个支撑面边界相切的桥接曲线。

圆角开放面操作示例如图8-26所示。

图8-25　"圆角开放面"对话框

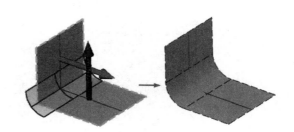

图8-26　圆角开放面操作示例

七、反转曲面方向

使用"反转曲面方向"命令反转面或造型的法线方向。方向的箭头表示面或造型当前的方向。

单击"曲面"选项卡"编辑面"面板中的"反转曲面方向"按钮，弹出"反转曲面方向"对话框，如图8-27所示。反转曲面方向操作示例如图8-28所示。

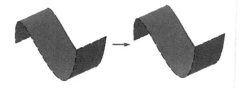

图8-27　"反转曲面方向"对话框　　　　　　图8-28　反转曲面方向操作示例

八、浮雕

通过外部的一幅光栅图像作为高度映射，使用"浮雕"命令在面上进行浮雕操作（变形）。

单击"曲面"选项卡"编辑面"面板中的"浮雕"按钮，弹出"浮雕"对话框和"选择文件"对话框，分别如图8-29和图8-30所示。

图8-29　"浮雕"对话框

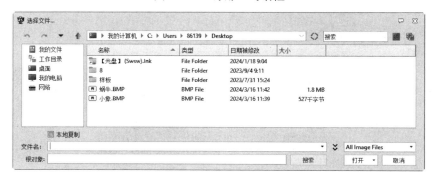

图8-30　"选择文件"对话框

对话框中提供了两种创建浮雕的方法，具体如下所述。

方法一：基于 U/V 曲面的映射。基于所选面的 *U* 空间参数和 *V* 空间参数来映射图像。这项技术适用于相对较平的面，如图 8-31 所示。

（1）文件名：输入要浮雕的高度图文件的文件名（.gif、.jpeg、.tiff 等格式）。单击"下拉列表"按钮，打开"选择文件"对话框，用户可以选择需要的文件。

图 8-31　基于 U/V 曲面的映射操作示例

（2）面：选择要进行浮雕操作的面。

（3）最大偏移：输入被浮雕文件的最大的偏移量值（如深度或高度）。负值表示图案的白色在图案黑色的曲面上的高度位置。

（4）宽度：输入浮雕的宽度或单击鼠标中键使它位于面的参数空间内。

（5）匹配面法向：勾选该复选框，浮雕的正方向（高度）则会对应到面的法向量方向（其外侧）。

（6）原点：这个选项可以定位浮雕文件的中心。默认情况下，图像居中，并被调整到面的参数空间里。

（7）分辨率：指定一个大概的控制点距离值（浮雕分辨率）。该值直接影响显示速度。分辨率的值越小，显示所需要的时间就越长。尤其是在对显示的图像要着色或要对其进行渲染的情况下。

（8）贴图纹理显示：勾选该复选框，则会把源文件作为纹理映射到面上。

（9）嵌入图像文件：勾选该复选框，则会将源文件融合进当前激活的零件。即使原先的文件丢失或被删了，也能保证激活的零件能够正确地重新生成。

方法二：基于角度的映射。基于面的正切角度来映射图像。这项技术适于弯曲的和圆形的面。

（1）缠绕：输入以度数为单位的包角值。

（2）方向：选择所需的朝向（"0"或"180"）。"180"代表图像会在弯曲面或圆柱面的参数空间上，基于它的原点旋转 180°。

（3）宽高比：输入基于源文件的比例（高宽比）。比例为 1 代表图像的大小和源图像一致。

九、缝合

使用"缝合"命令缝合相连的边为单一的闭合实体，来创建一个新的特征。面的边缘必须相交才能缝合。

单击"曲面"选项卡"编辑面"面板中的"缝合"按钮，弹出"缝合"对话框，如图 8-32 所示。缝合操作示例如图 8-33 所示。

图 8-32　"缝合"对话框

图 8-33　缝合操作示例

案例——茶壶

本案例绘制如图8-34所示的茶壶。

（1）绘制草图1。以"默认CSYS_XY"平面为草绘基准面，绘制草图1，如图8-35所示。

（2）创建平面1。单击"造型"选项卡"基准面"面板中的"基准面"按钮 ，弹出"基准面"对话框，以XY面为参考向上偏移120mm。

（3）绘制草图2。以平面1为草绘基准面，绘制草图2，如图8-36所示。

（4）绘制草图3。以"默认CSYS_XZ"平面为草绘基准面，绘制草图3，如图8-37所示。

图8-34　茶壶

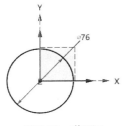

图8-35　草图1

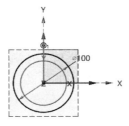

图8-36　草图2

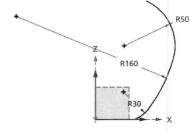

图8-37　草图3

（5）阵列草图3。单击"造型"选项卡"基础编辑"面板中的"阵列几何体"按钮 ，弹出"阵列几何体"对话框，选择阵列类型为"圆 "，选择草图3为基体，方向选择Z轴，设置数目为4个，设置角度为90°，如图8-38所示。单击"确定"按钮 ，阵列结果如图8-39所示。

（6）创建U/V曲面。单击"曲面"选项卡"基础面"面板中的"U/V曲面"按钮 ，弹出"U/V曲面"对话框，依次选择U方向的4条曲线和V方向的2条曲线，如图8-40所示。单击"确定"按钮 ，结果如图8-41所示。

（7）绘制草图4。以"默认CSYS_YZ"平面为草绘基准面，绘制草图4，如图8-42所示。

（8）绘制草图5。以"默认CSYS_XZ"平面为草绘基准面，绘制草图5，如图8-43所示。

（9）绘制草图6。以"默认CSYS_XZ"平面为草绘基准面，绘制草图6，如图8-44所示。

（10）创建双轨放样曲面。单击"造型"选项卡"基础造型"面板中的"双轨放样"按钮 ，弹出"双轨放样"对话框，选择草图5作为路径1，草图6作为路径2，选择草图4作为轮廓，如图8-45所示。单击"确定"按钮 ，结果如图8-46所示。

（11）绘制草图7。以"默认CSYS_YZ"平面为草绘基准面，绘制草图7，如图8-47所示。

（12）绘制草图8。以"默认CSYS_XZ"平面为草绘基准面，绘制草图8，如图8-48所示。

（13）创建扫掠曲面。单击"造型"选项卡"基础造型"面板中的"扫掠"按钮 ，弹出"扫掠"对话框，选择草图7作为轮廓，选择草图8作为路径，布尔运算选择基体，轮廓封口选择开放，如图8-49所示。单击"确定"按钮 ，结果如图8-50所示。

图 8-38 阵列参数设置

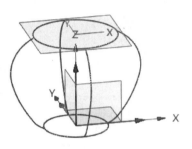

图 8-39 阵列结果

图 8-40 U/V 曲面参数设置

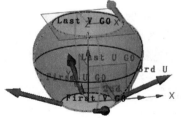

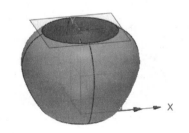

图 8-41 U/V 曲面

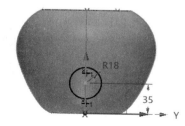

图 8-42 草图 4

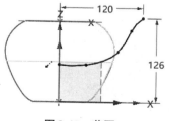

图 8-43 草图 5

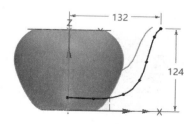

图 8-44 草图 6

图 8-45　双轨放样参数设置

图 8-46　双轨放样曲面

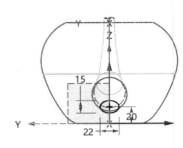

图 8-47　草图 7

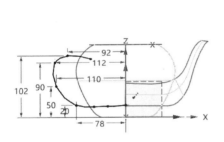

图 8-48　草图 8

图 8-49　扫掠参数设置

图 8-50　扫掠曲面

（14）修剪曲面。单击"曲面"选项卡"编辑面"面板中的"曲面修剪"按钮　，弹出"曲面修剪"对话框，选择双轨放样曲面和扫掠曲面作为要修剪的面，选择 U/V 曲面作为旋转体，箭头方向如图 8-51 所示。单击"确定"按钮　，结果如图 8-52 所示。

（15）隐藏平面 1。在历史管理器中选中平面 1，右击，在弹出的快捷菜单中选择"隐藏"命令，即可隐藏平面 1。

（16）创建相交曲线。单击"线框"选项卡"曲线"面板中的"相交曲线"按钮　，弹出"相交曲线"对话框，选择 U/V 曲面作为第一实体，选择双轨放样曲面作为第二实体，如图 8-53 所示。单击"确定"按钮　，创建相交曲线。

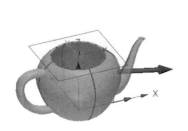

图 8-51　箭头方向

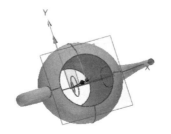

图 8-52　修剪结果

图 8-53　选择实体

（17）曲线修剪曲面。单击"曲面"选项卡"编辑面"面板中的"曲线修剪"按钮，弹出"曲线修剪"对话框，选择U/V曲面作为要修剪的面，选择（16）中创建的相交曲线，在曲线外任意位置单击选择要保留的部分，如图8-54所示。投影选择"面法向"，单击"确定"按钮，结果如图8-55所示。

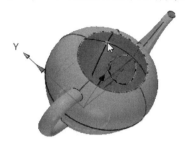

图8-54　选择要保留的部分

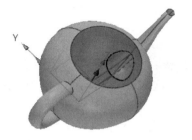

图8-55　曲线修剪曲面结果

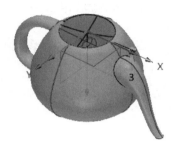

图8-56　选择边界

（18）创建圆顶。单击"曲面"选项卡"基础面"面板中的"圆顶"按钮，弹出"圆顶"对话框，选择图8-56所示的边界，设置高度为3mm，单击"确定"按钮，结果如图8-57所示。

（19）反转曲面方向。单击"曲面"选项卡"编辑面"面板中的"反转曲面方向"按钮，弹出"反转曲面方向"对话框，选择圆顶面，单击"确定"按钮，结果如图8-58所示。

（20）创建平面2。单击"造型"选项卡"基准面"面板中的"基准面"按钮，弹出"基准面"对话框，以XY面为参考向上偏移60mm，如图8-59所示。

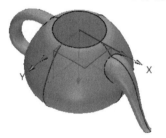

图8-57　创建的圆顶

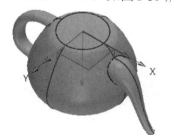

图8-58　反转曲面方向

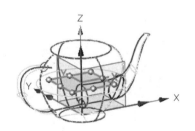

图8-59　拖曳平面2

（21）拖曳基准面。单击"造型"选项卡"基准面"面板中的"拖曳基准面"按钮，弹出"拖曳基准面"对话框，选中平面2，拖动控制点将平面放大，结果如图8-60所示。

（22）曲面分割。单击"曲面"选项卡"编辑面"面板中的"曲面分割"按钮，弹出"曲面分割"对话框，选择扫掠曲面作为要修剪的面，选择平面2为分割平面，单击"确定"按钮，结果如图8-61所示。

（23）创建圆角1。单击"曲面"选项卡"编辑面"面板中的"圆角开放面"按钮，弹出"圆角开放面"对话框，选择U/V曲面作为面1，选择扫掠曲面的下半部分作为面2，设置半径为5mm，在"设置"选项组中设置基础面为"缝合"，设置圆角面为"最大"，单击"确定"按钮，结果如图8-62所示。

（24）创建圆角2。重复"圆角开放面"命令，选择U/V曲面作为面1，选择扫掠曲面的上半部分作为面2，设置半径为5mm，在"设置"选项组中设置基础面为"缝合"，圆角面设置为"最大"，结果如图8-63所示。

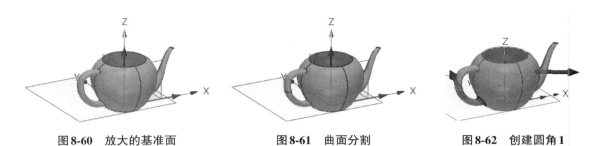

图 8-60　放大的基准面　　　　　图 8-61　曲面分割　　　　　图 8-62　创建圆角 1

（25）创建圆角 3。重复"圆角开放面"命令，选择 U/V 曲面作为面 1，选择双轨放样曲面作为面 2，设置半径为 5mm，在"设置"选项组中设置基础面为"缝合"，圆角面设置为"最大"，结果如图 8-64 所示。

（26）加厚曲面。单击"造型"选项卡"编辑模型"面板中的"加厚"按钮 ，弹出"加厚"对话框，选择茶壶造型，设置偏移为单侧，偏移距离为-1mm，如图 8-65 所示。单击"确定"按钮 ，结果如图 8-66 所示。

图 8-63　创建圆角 2　　　　　图 8-64　创建圆角 3　　　　　图 8-65　加厚参数设置

（27）绘制草图 9。以"默认 CSYS_XZ"平面为草绘基准面，在壶嘴位置绘制草图 9，如图 8-67 所示。

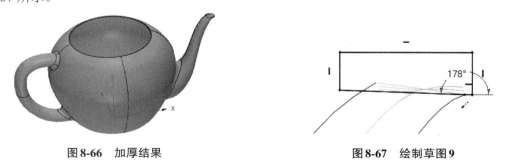

图 8-66　加厚结果　　　　　　　　图 8-67　绘制草图 9

（28）创建拉伸切除特征。单击"造型"选项卡"基础造型"面板中的"拉伸"按钮 ，弹出"拉伸"对话框，轮廓选择草图 9，拉伸类型选择对称，设置结束点为 15mm，布尔运算选择减运算，布尔造型选择茶壶造型，轮廓封口选择两端，单击"确定"按钮 ✔，结果如图8-68所示。

（29）隐藏草图和平面。单击DA工具栏中的"隐藏"按钮🔲，在"选择"工具栏的"过滤器列表"中选择草图，然后在绘图区框选所有草图，将其隐藏。同样的方法，选择平面将其隐藏。

（30）曲面分割。单击"曲面"选项卡"编辑面"面板中的"曲面分割"按钮🔲，弹出"曲面分割"对话框，选择茶壶造型作为要分割的面，选择 XZ 面为分割平面，单击"确定"按钮 ✔，结果如图8-69所示。

（31）创建浮雕1。单击"曲面"选项卡"编辑面"面板中的"浮雕"按钮🔲，选择面，弹出"浮雕"对话框和"选择文件"对话框，选择原始文件中的"图5"，再选择一个分割面，如图8-70所示。宽度设置为240mm，勾选"匹配面法向"复选框，勾选"贴图纹理显示"复选框和"嵌入图像文件"复选框，结果如图8-71所示。

图8-68 拉伸切除结果

图8-69 茶壶

图8-70 选择面

（32）创建浮雕2。使用同样的方法，选择原始文件中的"图7"，选择另一个分割面，如图8-72所示。结果如图8-34所示。

图8-71 浮雕1

图8-72 浮雕2

任务3 编辑边

任务引入

中望3D 2024的编辑边功能为用户提供了丰富的工具和方法，以确保在三维建模过程中能够有效地处理和优化模型的边缘。这些功能不仅提高了设计的灵活性和准确性，还有助于实现精确的几何形状定义和修改。

知识准备

中望 3D 2024 的编辑边功能为用户提供了丰富的工具和方法，以确保在三维建模过程中能有效地处理和优化模型的边缘。这些功能不仅提高了设计的灵活性和准确性，还有助于实现精确的几何形状定义和修改。

一、删除环

使用"删除环"命令来删除面上的修剪环。

单击"曲面"选项卡"编辑边"面板中的"删除环"按钮 ❤，选择面，弹出"删除环"对话框，如图 8-73 所示。删除环示例如图 8-74 所示。

　　　　　　　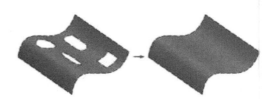

图 8-73　"删除环"对话框　　　　　　　图 8-74　删除环示例

二、替换环

使用"替换环"命令来替换面上的某个修剪环。为新修剪环选择的曲线会被正交投影到面上。

单击"曲面"选项卡"编辑边"面板中的"替换环"按钮 🖾，选择面，弹出"替换环"对话框，如图 8-75 所示。替换环示例如图 8-76 所示。

图 8-75　"替换环"对话框　　　　　　　图 8-76　替换环示例

三、反转环

使用"反转环"命令可以将一个面上的修剪环创建为新的面。新的面将与选择面的数学特性匹配。

单击"曲面"选项卡"编辑边"面板中的"反转环"按钮 🖾，选择面，弹出"反转环"对话框，如图 8-77 所示。反转环示例如图 8-78 所示。

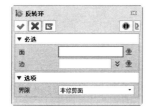　　　　　　　

图 8-77　"反转环"对话框　　　　　　　图 8-78　反转环示例

四、分割边

使用"分割边"命令在所选点上分割面的边。首先选择面的边，然后选择分割点。

单击"曲面"选项卡"编辑边"面板中的"分割边"按钮 👆 ，选择面，弹出"分割边"对话框，如图 8-79 所示。分割边示例如图 8-80 所示。

图8-79　"分割边"对话框

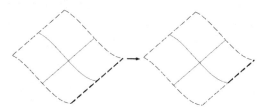

图8-80　分割边示例

五、连接边

使用"连接边"命令来连接（合并）面上可兼容的相邻的（如连续的）边。

单击"曲面"选项卡"编辑边"面板中的"连接边"按钮 👆 ，选择面，弹出"连接边"对话框，如图 8-81 所示。连接边操作示例如图 8-82 所示。

图8-81　"连接边"对话框

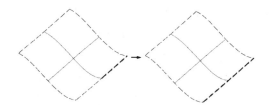

图8-82　连接边示例

项 目 实 战

实战　小水瓶

本实战的内容为绘制如图 8-83 所示的小水瓶。

【操作步骤】

（1）新建文件。单击"快速入门"工具栏中的"新建"按钮，弹出"新建文件"对话框，选择"零件/装配"选项，设置文件名称为"小水瓶"，单击"确认"按钮，进入零件设计界面。

（2）绘制草图 1。单击"造型"选项卡"基础造型"面板中的"草图"按钮 ✎ ，弹出"草图"对话框，在绘图区选择"默认

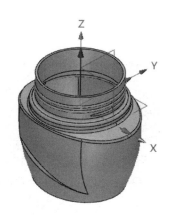

图8-83　小水瓶

CSYS_XY"平面作为草绘基准面，单击"确定"按钮✔，进入草绘环境。绘制草图1，如图8-84所示。

（3）创建平面1。单击"造型/曲面/线框"选项卡"基准面"面板中的"基准面"按钮，弹出"基准面"对话框。选择基准面绘制方式为"偏移平面"，选择"默认CSYS_YZ"平面为基准面，设置偏移距离为40 mm，如图8-85所示。单击"确定"按钮✔，平面1创建完成 。

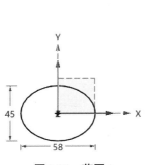

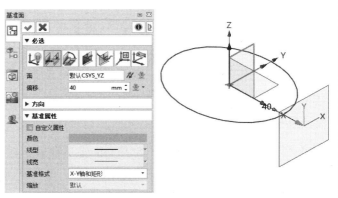

图8-84　草图1　　　　　　　　　　　　　　图8-85　平面1参数设置

（4）绘制草图2。单击"造型"选项卡"基础造型"面板中的"草图"按钮，弹出"草图"对话框，在绘图区选项"平面1"作为草绘基准面，单击"确定"按钮✔，即可进入草图绘制环境。绘制草图2，如图8-86所示。

（5）合并投影。单击"线框"选项卡"曲线"面板中的"合并投影"按钮，弹出"合并投影"对话框，"曲线1"选择"草图1"，投影方向选择-Z轴，"曲线2"选择"草图2"，投影方向选择-X轴，如图8-87所示。单击"确定"按钮✔，隐藏草图1、草图2和平面1后的合并投影结果如图8-88所示。

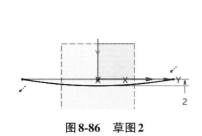

图8-86　草图2　　　　　　　　　　　　　　图8-87　合并投影参数设置

（6）创建拉伸基体。单击"造型"选项卡"基础造型"面板中的"拉伸"按钮，弹出"拉伸"对话框，单击"轮廓"后面的"下拉列表"按钮，在弹出的下拉菜单中选择"草图"命令，如图8-89所示。弹出"草图"对话框，单击鼠标中键，软件自动选择"默认CSYS_XY"平面作为草图绘制的基准面，绘制草图3，如图8-90所示。单击"退出"按钮，返回"拉伸"对话框，设置拉伸类型为"2边"，设置起始点为1 mm，设置结束点为4.6 mm，轮廓封口选择"开放"，如图8-91所示。单击"确定"按钮✔，拉伸结果如图8-92所示。

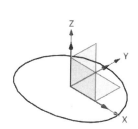

图8-88　合并投影

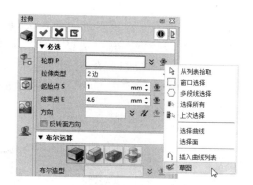

图8-89　选择"草图"命令

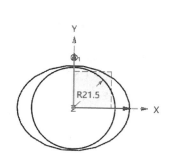

图8-90　草图3

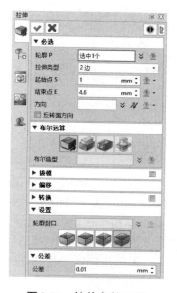

图8-91　拉伸参数设置

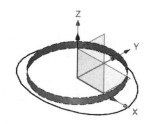

图8-92　拉伸结果

（7）绘制草图4。单击"造型"选项卡"基础造型"面板中的"草图"按钮💅，弹出"草图"对话框，在绘图区选择"默认CSYS_XZ"平面作为草图绘制的基准面，单击"确定"按钮✔，即可进入草图绘制环境。绘制草图4，如图8-93所示。

（8）绘制草图5。单击"造型"选项卡"基础造型"面板中的"草图"按钮💅，弹出"草图"对话框，在绘图区选择"默认CSYS_YZ"平面作为草图绘制的基准面，单击"确定"按钮✔，即可进入草图绘制环境。绘制草图5，如图8-94所示。

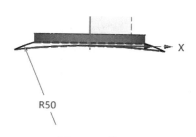

图8-93　草图4

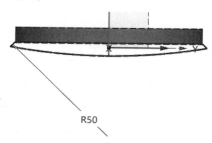

图8-94　草图5

（9）创建U/V曲面1。单击"曲面"选项卡"基础面"面板中的"U/V曲面"按钮 ，弹出"U/V曲面"对话框，在"选择工具"工具栏中的"过滤器列表"中选择"曲线"，然后 U 方向选择草图4和草图5的4条曲线，V 方向选择草图3和合并投影曲线的两条曲线，如图8-95所示。单击"确定"按钮 ，结果如图8-96所示。

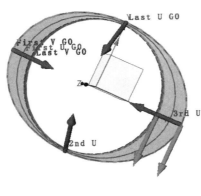
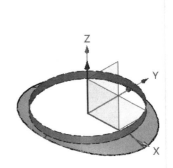

图8-95   U/V曲面1参数设置   图8-96   U/V曲面1

（10）创建平面2。单击"造型/曲面/线框"选项卡"基准面"面板中的"基准面"按钮 ，弹出"基准面"对话框。选择基准面绘制方式为"偏移平面" ，选择"默认CSYS_XY"平面为基准面，设置偏移距离为-38 mm，单击"确定"按钮 ，平面2创建完成，如图8-97所示。

（11）绘制草图6。单击"造型"选项卡"基础造型"面板中的"草图"按钮 ，弹出"草图"对话框，在绘图区选择"平面2"作为草图绘制的基准面，单击"确定"按钮 ，即可进入草图绘制环境。绘制草图6，如图8-98所示。

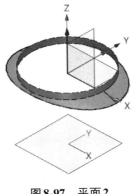
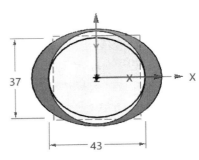

图8-97   平面2   图8-98   草图6

（12）绘制草图7。单击"造型"选项卡"基础造型"面板中的"草图"按钮 ，弹出"草图"对话框，在绘图区选择"默认CSYS_XZ"平面作为草图绘制的基准面，单击"确定"按钮 ，即可进入草图绘制环境。绘制草图7，如图8-99所示。

（13）绘制草图8。单击"造型"选项卡"基础造型"面板中的"草图"按钮 ，弹出"草图"对话框，在绘图区选择"默认CSYS_YZ"平面作为草图绘制的基准面，单击"确定"按钮✔，即可进入草图绘制环境。绘制草图8，如图8-100所示。

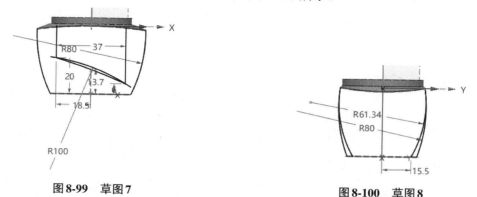

图8-99　草图7　　　　　　　　　　　　　图8-100　草图8

（14）创建U/V曲面2。单击"曲面"选项卡"基础面"面板中的"U/V曲面"按钮✎，弹出"U/V曲面"对话框，在"选择工具"工具栏中的"过滤器列表"中选择"曲线"，然后U方向选择草图7和草图8中的4条曲线，V方向选择草图6和合并投影曲线2条曲线，如图8-101所示。单击"确定"按钮✔，结果如图8-102所示。

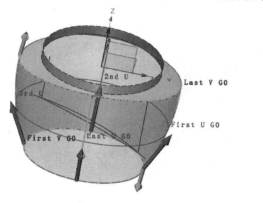

图8-101　选择曲线

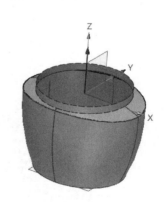

图8-102　U/V曲面2

（15）修剪曲面。单击"曲面"选项卡"编辑面"面板中的"曲线修剪"按钮✎，弹出"曲线修剪"对话框，选择U/V曲面2为被修剪的面，在"选择工具"工具栏中的"过滤器列表"中选择"曲线"，然后选择图8-103所示的曲线，与之相连的曲线则全被选中，单击"确定"按钮✔，修剪结果如图8-104所示。

（16）投影曲线。单击"线框"选项卡"曲线"面板中的"投影到面"按钮✎，弹出"投影到面"对话框，选择如图8-105所示的面1和曲线1进行投影，投影方向为-Y轴，生成投影曲线，如图8-106所示。

（17）创建拉伸曲面。单击"造型"选项卡"基础造型"面板中的"拉伸"按钮✎，弹出"拉伸"对话框，轮廓选择图8-105所示的曲线1，设置拉伸类型为"2边"，设置起始点为32.2 mm，设置结束点为4.6 mm，如图8-107所示。单击"确定"按钮✔，拉伸曲面结果如图8-108所示。

（18）绘制样条曲线。单击"线框"选项卡"曲线"面板中的"样条曲线"按钮✎，弹出"样条曲线"对话框，选择"通过点"✎选项，选择图8-109所示的3点绘制曲线，并调整两端点与两端曲线相切。

（19）分割边。单击"曲面"选项卡"编辑面"面板中的"分割边"按钮 ，弹出"分割边"对话框，选择图8-110所示的边，将其在点1处分割。同样的方法，将边在图8-111所示的点2处分割。

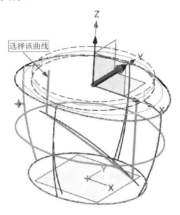

图8-103　选择面和曲线

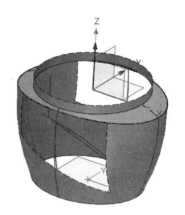

图8-104　修剪结果

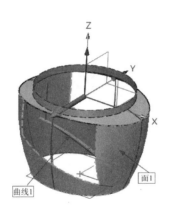

图8-105　选择投影面和曲线

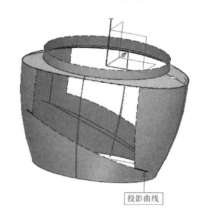

图8-106　投影曲线

图8-107　拉伸曲面参数设置

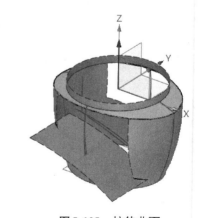

图8-108　拉伸曲面

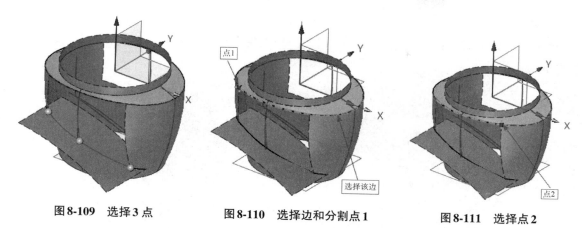

图8-109　选择3点　　　　　　　图8-110　选择边和分割点1　　　　　图8-111　选择点2

（20）创建U/V曲面3。单击"曲面"选项卡"基础面"面板中的"U/V曲面"按钮，弹出"U/V曲面"对话框，再选择 U 方向边和曲线，选择 V 方向边和曲线，如图8-112所示。单击"确定"按钮，结果如图8-113所示。

选择时注意"选择工具"工具栏中的"过滤器列表"中的"曲线"和"边"的切换。

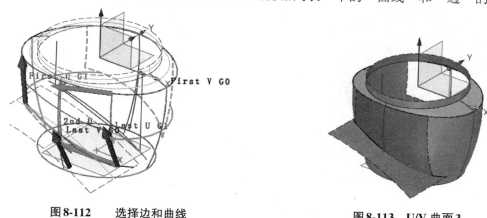

图8-112　　　选择边和曲线　　　　　　　　　图8-113　　U/V 曲面3

（21）创建U/V曲面4。单击"曲面"选项卡"基础面"面板中的"U/V曲面"按钮，弹出"U/V曲面"对话框，再选择 U 方向边和曲线，选择 V 方向边和曲线，如图8-114所示。单击"确定"按钮，结果如图8-115所示。

（22）镜像几何体。单击"曲面"选项卡"基础编辑"面板中的"镜像几何体"按钮，弹出"镜像几何体"对话框，选择U/V曲面3和U/V曲面4进行镜像，镜像平面选择"默认CSYS_XZ"平面，结果如图8-116所示。

（23）反转曲面方向。单击"曲面"选项卡"编辑面"面板中的"反转曲面方向"按钮，弹出"反转曲面方向"对话框，选择U/V曲面3和U/V曲面4，单击"确定"按钮，结果如图8-117所示。

（24）创建修剪平面1。单击"曲面"选项卡"基础面"面板中的"修剪平面"按钮，弹出"修剪平面"对话框，选择如图8-118所示的曲线创建平面，修剪平面1如图8-119所示。

（25）创建修剪平面2。同样的方法，选择图8-120所示的曲线创建修剪平面2。

（26）曲面缝合。单击"曲面"选项卡"编辑面"面板中的"缝合"按钮 ，弹出"缝合"对话框，选择修剪后的U/V曲面2作为基体，选择所有曲面作为合并体，单击"确定"按钮 ，缝合完成。

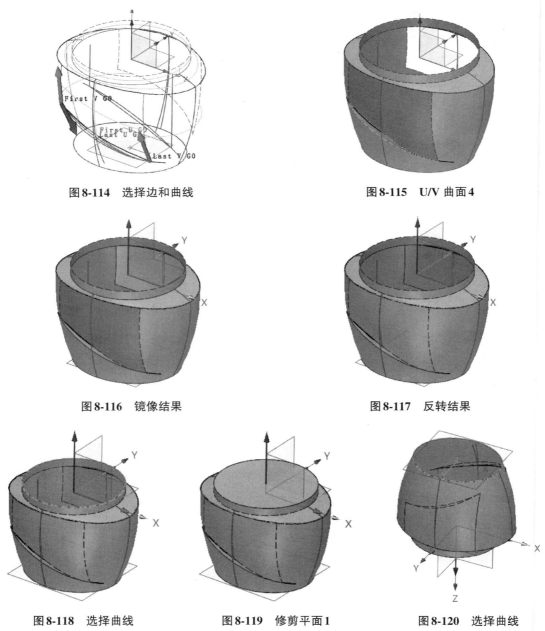

图8-114　选择边和曲线　　　　　　　　　图8-115　U/V曲面4

图8-116　镜像结果　　　　　　　　　图8-117　反转结果

图8-118　选择曲线　　　　图8-119　修剪平面1　　　　图8-120　选择曲线

（27）创建拉伸实体。单击"造型"选项卡"基础造型"面板中的"拉伸"按钮 ，弹出"拉伸"对话框，单击"轮廓"后面的"下拉列表"按钮，在弹出的下拉菜单中选择"草图"命令，弹出"草图"对话框，选择"修剪平面1"作为草绘基准面，如图8-121所示。单击"退出"按钮 ，返回"拉伸"对话框，设置拉伸类型为"1边"，设置结束点为12.8 mm，轮廓封口选择"加运算"，单击"确定"按钮 ✅，拉伸实体如图 8-122 所示。

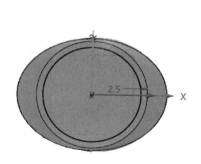

图8-121 拉伸草图

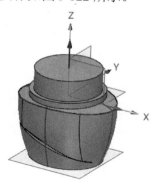

图8-122 拉伸实体

（28）创建拉伸切除实体。单击"造型"选项卡"基础造型"面板中的"拉伸"按钮 ◾，弹出"拉伸"对话框，单击"轮廓"后面的"下拉列表"按钮，在弹出的下拉菜单中选择"草图"命令，弹出"草图"对话框，选择"修剪平面1"作为草绘基准面，如图 8-123 所示。单击"退出"按钮 ➡，返回"拉伸"对话框，设置拉伸类型为"1边"，设置结束点为 2 mm，轮廓封口选择"减运算"，单击"确定"按钮 ✅，拉伸切除实体如图 8-124 所示。

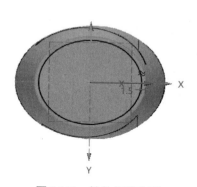

图8-123 拉伸切除草图

图8-124 拉伸切除实体

（29）创建圆角。单击"造型"选项卡"工程特征"面板中的"圆角"按钮 ◾，弹出"圆角"对话框，选择如图 8-125 所示的边进行圆角，设置半径为 1.2 mm。

（30）创建抽壳。单击"造型"选项卡"编辑模型"面板中的"抽壳"按钮 ◾，弹出"抽壳"对话框，选择实体，设置抽壳厚度为-1 mm，选择顶面为开放面，如图 8-126 所示。单击"确定"按钮 ✅，抽壳结果如图 8-127 所示。

（31）绘制草图9。单击"造型"选项卡"基础造型"面板中的"草图"按钮 ✐，弹出"草图"对话框，在绘图区选择"默认 CSYS_XZ"平面作为草图绘制的基准面，单击"确定"按钮 ✅，即可进入草图绘制环境。绘制草图9，如图 8-128 所示。

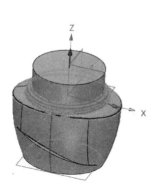

图 8-125　选择圆角边

图 8-126　抽壳参数设置

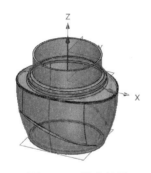

图 8-127　抽壳结果

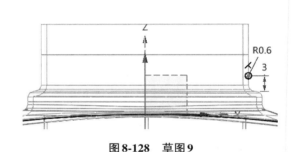

图 8-128　草图 9

（32）创建螺纹。单击"造型"选项卡"工程特征"面板中的"螺纹"按钮![icon]，弹出"螺纹"对话框，面选择瓶口圆柱面，轮廓选择草图 9，设置匝数为 2.5 mm，设置距离为 2.5 mm，布尔运算设置为"加运算"，布尔造型选择实体，收尾选择两端，设置半径为 15 mm，单击"确定"按钮![icon]，结果如图 8-129 所示。

（33）隐藏草图和平面。单击 DA 工具栏中的"隐藏"按钮![icon]，在"选择工具"工具栏中的"过滤器列表"中选择"草图"，框选绘图区中所有草图，将其隐藏。使用同样的方法，隐藏所有草图和平面，结果如图 8-130 所示。

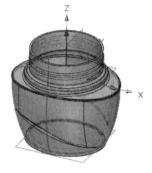

图 8-129　创建螺纹

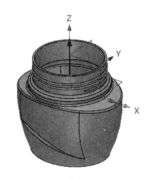

图 8-130　隐藏草图和平面结果

项目九　装配

➢ 培养对产品整体结构和各个组件之间关系的理解，提高系统化思维能力
➢ 认识到技术和知识是不断发展的，需要持续学习和适应新技术，以保持个人专业能力与时俱进

技能目标

➢ 装配基础知识
➢ 插入组件工具
➢ 组件管理
➢ 约束

项目导读

装配建模是一种 CAD 中的技术和方法，它可以帮助工程师将零件装配成总装。

任务1　装配基础知识

任务引入

小明正在从事一个需要使用中望 3D 2024 进行装配设计的项目，他该如何学习才能更快地掌握装配设计技能，更好地完成装配任务呢？

知识准备

CAD 中所有完整的产品都是由多个零件组成的，但是，在装配级别上，零件通常称为零部件，也就是说在软件中装配体由零件装配而成。以下为相关术语和定义。

零件：独立的单个模型。零件由设计变量、几何形状、材料属性和零件属性组成。

组件：组成子装配件的最基本的单元。此外，当组件不在装配中时被称作零件。

总装配：装配建模的最终成品也可以称为产品，它由具有约束的不同子装配和组件组成。

子装配：通常来说是第二级或第二级以下的装配，并由具有约束的不同子装配或组件组成。

约束：在装配中，我们可以通过约束定义组件的空间位置和组件之间相对运动，然后可以分析零件之间是否存在干涉及它们是否能正常运动。

装配层级树可以帮助大家更好地了解不同的组件与装配之间的层级关系，如图9-1所示。

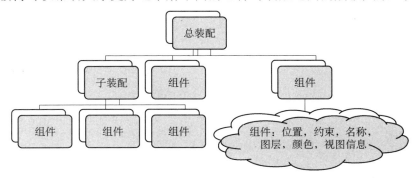

图9-1　装配层级树

由装配层级树可知，装配在不同层级可分为多个子装配和组件，同时每个子装配也由不同的组件组成。在装配树中，每个分支代表不同的组件和子装配，装配树的最高级是总装配。

一、装配方法

通常来说，装配分为自底向上装配和自顶向下装配，这两种方式适用于不同场景的设计需求，在自底向上装配中，需要先完成全部的零件设计然后将零件作为组件添加进装配，如果首先完成的是装配体设计然后根据产品装配体外形去设计相关联的零件，这种方法则称为自顶向下装配。这两种方式可在不同的场景下满足不同的设计需求，对这两种方法的详细介绍如下所述。

1. 自底向上装配

自底向上装配是最常用的设计方法，也是最传统的装配设计方式。在这种方式中，所有的独立零件首先完成设计，然后把这些零件装配成最终的产品，自底向上装配示意图如图9-2所示。因为装配体中所有的组件是各自独立的，所以对组件进行任何修改时将不会影响其他的组件。此外，在自底向上装配中，组件之间的关系及修改过后的模型重新生成更加容易被管理。如果所有的零件已经被设计好并且处于可以被使用的状态时，自底向上装配更加合适。

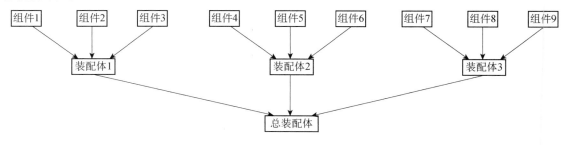

图9-2　自底向上装配示意图

2. 自顶向下装配

自顶向下装配是一种关联设计方法，从产品的顶层开始通过在装配过程中同时设计零件结构完成整个装配产品设计的方法。在设计顶层先构造出一个"基本骨架"（装配结构），随后的设计过程都在这个"基本骨架"的基础上进行复制、修改、细化、完善并最终完成整个设计过程，示意图如图9-3所示。

自顶向下装配过程中如果驱动几何和参数发生了变化，相关联的组件也会被影响。在软件中，可自动完成关联更新，在包含关联设计的装配设计中或在产品的研发过程中，自顶向下装配是更加合适的选择。在中望3D 2024中，除了支持自底向上和自顶向下两种装配方法，还可以根据具体的设计目标选择两种方法相结合的复合型方法。

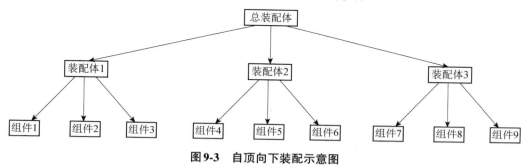

图9-3　自顶向下装配示意图

二、新建装配文件

在开始新的装配设计之前，可以创建一个新的装配文件，或者在已有的文件中（如.Z3文件）创建一个新的装配，然后在装配文件中进行装配工作。具体操作如下所述。

单击快速访问工具栏中的"新建"按钮 ，弹出"新建文件"对话框，在"类型"列表中选择"装配"，在"子类"列表中选择"标准"，单击"确认"按钮，进入装配界面，如图9-4所示。此时，在装配界面左侧的管理器中增加了"装配管理"管理器。

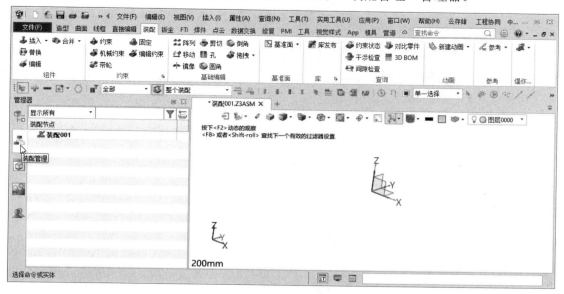

图9-4　装配界面

任务2　插入组件工具

任务引入

小明在学习组件装配的过程中发现，插入组件是进行装配的第一步，那么有哪些命令可以进行组件的插入呢？

知识准备

在中望 3D 2024 中，有多种方法插入组件：插入单个组件、插入多个组件和插入新建组件等。下面分别进行介绍。

一、插入单个组件

使用此命令可以插入组件到当前装配体中。用户可从激活组件或其他文件插入组件。

单击"装配"选项卡"组件"面板中的"插入"按钮，或者在绘图区空白部分右击，在弹出的快捷菜单中选择"插入组件"命令，弹出"插入"对话框和"打开"对话框，在"打开"对话框中选择文件，单击"打开"按钮，打开的文件将在"插入"对话框列表中显示，如图9-5所示。对话框中各项的含义如下所述。

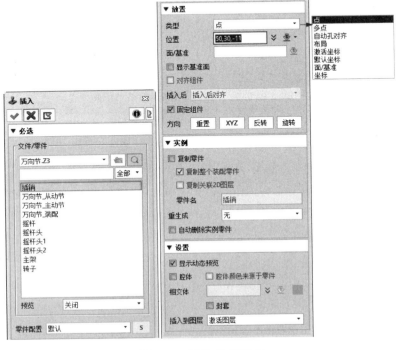

图9-5　"插入"对话框

（1）文件/零件：在该选项组中有3个列表框。

第一个列表框用来显示文件名称。单击其后的"打开"按钮 ，弹出"打开"对话框，选择要加载的文件。

第二个列表框用来进行零部件搜索。

第三个列表框显示所有零件。

（2）预览：为所选零件设置预览模式，可选择关闭、图形或属性。

（3）零件配置：指定插入的组件所使用的零件配置。

（4）类型：选择点、多点、自动孔对齐、布局、激活坐标、默认坐标、面/基准或坐标8种类型。

点：当选择点时，一次只可插入一个组件。提供点重合约束，但选择的插入点必须在实体上，如点、边/线、面等，否则无法附加此约束。

多点：当选择多点时，可以一次性插入多个组件。提供点的重合约束，但选择的插入点必须是在实体上，如点、边/线、面等，否则无法附加此约束。

自动孔对齐：选择自动孔对齐时，根据孔的位置自动插入组件。只有经过装配预定义的组件，才会提供约束，约束类型和预定义的类型一致。

布局：当选择布局时，可以以圆弧或线性布局插入一个或多个组件。

激活坐标：当选择激活坐标时，在当前激活坐标处插入组件。

默认坐标：当选择默认坐标时，在默认坐标处插入组件，且提供坐标约束。

面/基准：当选择面/基准时，提供重合约束，插入选择类型必须是面/基准。

坐标：当选择坐标时，提供基准面的坐标约束，插入点选择必须是基准面，其他类型将无法附加此约束。

（5）位置：选择"类型"为"点"和"多点"时，拾取插入点。

（6）面/基准：定义一个面/基准，用于添加重合/平行约束。

（7）显示基准面：勾选该复选框，则显示基准面。

（8）对齐组件：勾选该复选框，则在插入组件时直接在插入位置附加重合约束。

（9）方向：可使用下面的按钮调整组件插入的方向。

重置：取消"XYZ""反转""旋转"3个定向按钮的设置，恢复组件的初始状态。

XYZ：确定使用插入组件的 X、Y、Z 3个轴的哪一个轴来和当前装配的 Z 轴对齐。默认使用 Z 轴。若单击该按钮，则将在 X、Y、Z 3个轴之间循环选择。

反转：基于当前组件的对齐轴，进行反向。

旋转：在当前对齐轴所在平面对插入组件进行90°的循环旋转。

（10）复制零件：勾选该复选框，当创建原零件的一个复制体时，复制体而非原零件将引用到激活装配中。复制体与原零件不关联，不随着原零件的改变而改变。

复制整个装配零件：勾选该复选框，则复制整个装配零件；否则仅复制顶层装配零件。

零件名：如果勾选"复制零件"复选框，则为新的零件复制体输入名称。

（11）重生成：从下列选项中选择。

无：当父级重新生成时，该组件不重新生成。

装配前重生：在装配重新生成之前重新生成实例。

装配后重生：在装配重新生成之后重新生成实例。

（12）自动删除实例零件：勾选该复选框，则当装配体中某一组件的源文件被删除时，装配体中的该组件也将被删除。复制装配时，插入的组件也会被复制。

（13）显示动态预览：当插入组件时，在窗口上动态观看组件回应。

（14）腔体：勾选该复选框，设置切腔。

（15）腔体颜色来源于零件：即切腔时，腔体的颜色继承零件腔体的颜色属性，也可使用选项的颜色属性。

（16）封套：勾选该复选框，在装配模块中插入子装配时，允许将其指定为封套。封套的是将装配体的某个子装配设为封套，在检查其质量等属性信息和出 BOM 表时，不会将其计算在内，最后出工程图时可根据用户需求在图样上体现或隐藏封套相关投影视图。

（17）插入到图层：管理总装配上插入的子装配组件图层。

需要注意的是，为了更加方便地在文件/零件中选择需要插入的组件，可在预览窗口选择图像，然后选择插入的位置，通过输入插入点坐标或在图形区域选择插入点来定义插入的位置。此外，建议对首个插入的组件勾选"固定组件"选项，后续插入的组件就可以以第一个插入的组件为参照来固定插入位置。

在项目 1 中我们介绍过单对象文件和多对象文件，多对象文件在装配中应用较多。本节介绍的"插入"命令可以将单对象装配体文件转换为多对象装配体文件，下面以"齿轮泵总装配.Z3ASM"为例讲解具体操作步骤。

（1）在装配环境中使用"插入"命令，弹出"插入"对话框，单击"打开"按钮 📂，系统弹出"打开"对话框，选择原始文件中的"齿轮泵总装配.Z3ASM"文件，如图9-6 所示。

（2）在"实例"选项组中勾选"复制零件""复制整个装配零件""复制关联 2D 图层"复选框。

（3）在"放置"选项组中类型选择"默认坐标"，如图9-7 所示。

（4）单击"确定"按钮 ✔，装配体插入完成。

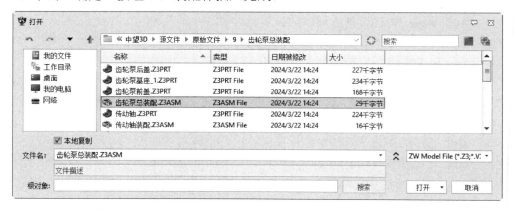

图9-6　选择文件

（5）选择菜单栏中的"文件"→"保存"→"另存为"命令，弹出"保存为"对话框，设置保存路径，输入文件名称"齿轮泵"，单击"保存"按钮，保存完成，如图9-8 所示。

（6）单击快速访问工具栏中的"打开"按钮 📂，弹出"打开"对话框，选择"齿轮泵"文件，单击"打开"按钮，弹出"管理器"对话框，如图9-9 所示。该管理器中列出了装配体中所有的零件，双击要打开的零件/装配体名称即可将其打开。

图9-7　"插入"对话框

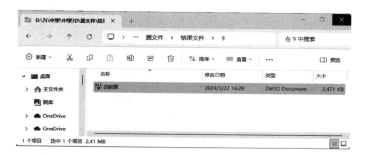

图9-8　保存"齿轮泵"文件

图9-9　"管理器"对话框

二、插入多个组件

除了插入单个组件，中望 3D 2024 还有更加便利和高效的"插入多组件"命令。

通过"插入多组件"命令可以一次性插入所有需要的组件，与"插入"命令一样，可选择预览图片帮助用户找到需要插入的组件并选择插入的位置。

单击"装配"选项卡"组件"面板中的"插入"按钮 ，或者在绘图区空白部分右击，在弹出的快捷菜单中选择"插入多组件"命令，弹出"插入多组件"对话框，如图9-10所示。对话框中部分项的含义如下所述。

（1）文件/零件：选择文件/零件插入。激活文件是默认选择的。列表可显示所选文件中的零件。

（2）插入零件列表：列表中显示所有被选中的零件，这些零件将作为组件插入到激活文件中，如图9-11所示。

（3）位置：选择插入点。

（4）副本数：设置被选中的零件重复插入的次数。

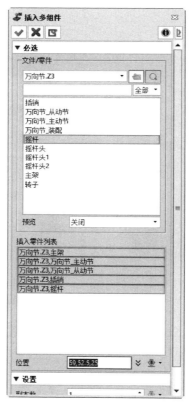
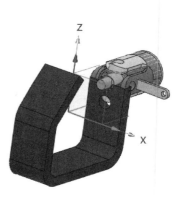

图9-10　　"插入多组件"对话框　　　　　　图9-11　　显示所有被选中的零件

三、插入新建组件

中望3D 2024中可插入新建组件。插入新建组件时，通过下拉菜单选定组件的类型。

单击"装配"选项卡"组件"面板中的"插入新组件"按钮 ，或者在绘图区空白部分右击，在弹出的快捷菜单中选择"插入新组件"命令，弹出"插入新组件"对话框，如图9-12所示。对话框中各项的含义如下所述。

（1）名称：指定新建文件的名称。中望3D 2024默认会为新文件指定一个可用的名称，也可以自定义该名称。可选类型包括零件零件（.Z3PRT/标准）、装配（.Z3ASM/标准）、ECAD（.Z3ASM/ECAD）、布局（.Z3PRT/布局）、管路（.Z3ASM/管线）、钣金（.Z3PRT/钣金）以及线束（.Z3ASM/线束）。

（2）模板：选择新建文件的绘图模板。

（3）类型：可选择点、激活坐标、默认坐标、面/基准或坐标5种类型。

图9-12 "插入新组件"对话框

任务3 组件管理

任务引入

小明发现在中望3D 2024中，组件插入后需要进行有效的组件管理，比如更换装配中的某个组件，将多个组件合并为一个，从装配体中提取某个组件进行单独编辑或分析，小明该如何进行组件管理呢？

知识准备

组件管理不仅可以提高设计效率和灵活性，还有助于保证数据的一致性、优化产品结构、提高产品质量并降低修改成本。

一、替换零件

使用"替换"命令，替换组件在激活装配中所引用的零件。

单击"装配"选项卡"组件"面板中的"替换"按钮，弹出"替换"对话框，如图9-13所示。对话框中部分选项含义如下。

（1）组件：根据需要，选取此按钮定义将要取代的组件。

（2）文件/零件：默认显示激活文件中的零件。单击其后的"打开"按钮，弹出"打开"对话框，选择另一个文件。

图9-13 "替换"对话框

需要注意的是，原零件上的对齐约束在新零件上可能无效，除非新零件是原零件的复制体。此时，用户需要删除无效约束，并以有效约束取代。

如图 9-14 所示为将齿轮泵前盖替换为齿轮泵后盖的操作示例。

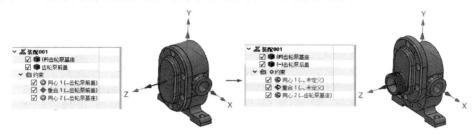

图 9-14　替换操作示例

二、合并

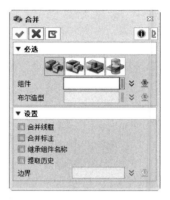

使用"合并"命令将组件合并为造型。

单击"装配"选项卡"组件"面板中的"合并"按钮，弹出"合并"对话框，如图 9-15 所示。对话框中部分项的含义如下所述。

（1）基体：将选择的组件合并为一个独立的基体特征。单击该装配体名称可选中所有组件，如图 9-16（a）所示。

（2）加运算：将组件与布尔造型进行合并创建一个实体，如图 9-16（b）所示。

（3）减运算：从布尔造型中移除选择的组件，如图 9-16（c）所示。

图 9-15　"合并"对话框

（4）交运算：创建布尔造型与组件的求交实体，如图 9-16（d）所示。

（5）合并线框：将任何存于组件中的线框几何体合并入激活父零件中。

（6）合并标注：将任何存在于组件中的标注合并入激活父零件中。

（7）继承组件名称：合并的组件将继承原组件名称。

（8）提取历史：勾选该复选框，将几何体及其"历史管理"管理器中的内容一起复制到一个单独的零件中。如果不勾选该复选框，几何体将被封装成一个特征。

（9）边界：如果组件是一个开放的实体，选择任意的边界面。这些面用于闭合开放的实体。

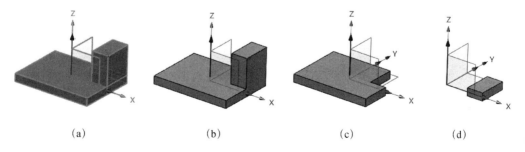

(a)　　　　　　　(b)　　　　　　　(c)　　　　　　　(d)

图 9-16　合并操作示例

三、提取造型

"提取造型"命令是从合并后的造型中提取组件。该命令可看作是"装配设计"的一种替代方法，可将装配体中的所有造型提取为组件，然后用提取的组件来制作 CAM 或二维工程图。

该命令对手动创建的造型及其在"合并"命令过程中创建的造型都有效。

单击"装配"选项卡"组件"面板中的"提取造型"按钮 ，弹出"提取造型"对话框，如图9-17所示。对话框中部分项的含义如下所述。

（1）造型：选择造型进行提取。

（2）坐标：选择新创建组件的默认参考坐标系。

（3）名称：为新创建的造型输入一个名称。

（4）提取模式：定义文件间的关联更新。主要包括以下几种。

①封装：将提取封装后的造型。修改原始造型，提取的新造型不受影响。

②关联提取：用导入的方式提取造型。修改原始造型，提取的新造型会同步更新。

③提取历史：将提取造型的历史内容。可以选择多个造型，提取"历史管理"管理器中的内容。

（5）重写零件前发出警告：勾选该复选框，由该命令创建的零件被重写时弹出提示信息。

（6）提取为组件：勾选该复选框，先在原始文件中将造型提取为组件，再将该组件提取到新造型中。

（7）提取到外部文件：在默认情况下，在当前的激活文件中创建新的组件，并为每个组件创建新的中望 3D 2024 文件。如图9-18所示为提取勾选了该复选框的操作示例。

图9-17　"提取造型"对话框

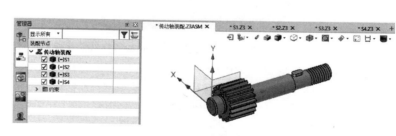

图9-18　提取造型操作示例

（8）分离同级造型：勾选该复选框，则提取从相同组件（子装配）合并的造型作为独立的组件。如果没有勾选，则提取这些造型到原始的组件名。

（9）删除原造型：勾选该复选框，则删除原始造型。

（10）隐藏原造型：勾选该复选框，执行操作后，在当前文件中，该造型将被隐藏。与"删除原造型"复选框不能同时勾选。

（11）使用造型属性：勾选该复选框，提取造型为文件时，将造型属性里面的部分属性复制到提取文件的文件属性中。当选择多个造型时，仅复制第一个造型的属性。

（12）模板：可以基于已定义的中望 3D 2024 模板创建外部文件。如果有一个已定义的组件模板，可以在这里输入它的名称。

（13）文件前缀：输入可选的前缀，作为外部子装配和中望 3D 2024 文件名。勾选"提取到外部文件"选项时，该选项可用。

（14）文件模式：选择新造型所在的文件模式，可以是单对象文件或多对象文件。勾选"提取到外部文件"选项时，该选项可用。

四、复制几何到其他零件

使用"复制几何到其他零件"命令，复制激活零件的几何体到一个目标零件。

单击"装配"选项卡"组件"面板中的"复制几何到其他零件"按钮 ，弹出"复制几何到其他零件"对话框，如图9-19所示。对话框中部分项的含义如下所述。

（1）几何体：选择要复制几何体。这里的几何体必须是造型，组件不能被选中。

（2）文件/零件：指定目标零件来接收复制的几何体。可输入一个新的名称。操作示例如图9-20所示。

图9-19 "复制几何到其他零件"对话框

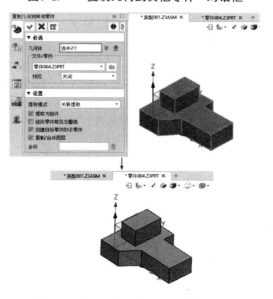

图9-20 复制几何到其他零件操作示例

（3）提取模式：选择"封装"，则将提取封装后的造型，修改原始造型，提取的新造型不受影响。若选择"关联提取"，则用导入的方式提取造型，修改原始造型，提取的新造型会同步更新。选择"提取历史"，将几何体及其"历史管理"管理器中的内容一起复制到一个单独的零件中，被提取的特征列表会显示在命令对话框的底部。

（4）修改零件前发出警告：勾选该复选框，若由该命令创建的零件已存在，则将会在修改前弹出提示信息。

（5）创建目标零件的子零件：当选择关联提取时，该选项可用。勾选该复选框，将在目标零件中创建一个子零件。

（6）删除原实体：勾选该复选框，将从原文件中删除所选的几何体和特征。

（7）解除依赖关系：当选择提取历史时，该选项可选。勾选该复选框，则在列表框内不会显示与所选几何体存在依赖关系，且依赖关系解除后仍可成功创建的关联特征。

（8）复制/合并图层：勾选该复选框，则被选中的几何体被复制到外部零件时，被放到与原几何体相同的图层。不勾选该复选框，则几何被复制到外部零件时，默认放到目标零件的激活图层。

（9）坐标：确定几何体的位置，确保参考坐标与目标零件的全局轴在同一条线上或与目标零件一致。如果选择了"提取历史"的选项，则坐标选项不可用。在激活零件中选择一个基准面、平面或草图。

任务4　约束

任务引入

通过前面的学习，小明进行了组件的装配，然而，只是简单地将各组件组合在一起，不能满足设计要求，那么小明该如何确保各个部件之间能够正确组合和相对定位呢？

知识准备

在装配设计中，除了需要插入组件，还需要给插入的每个组件定义适当的约束，固定不同组件之间的相对位置和活动范围。本节将会介绍中望 3D 2024 装配中的约束以及如何给每个组件定义约束条件。

一、固定

使用"固定"命令固定所选组件的当前位置。如果组件已经固定，该命令将会移除锚点。在装配树上，所有固定的组件前面会有（F）做标记。

单击"装配"选项卡"约束"面板中的"固定"按钮，弹出"固定"对话框，如图9-21所示。

图9-21　"固定"对话框

二、定义约束

可为激活零件或装配里的两个组件或壳体创建对齐约束。

单击"装配"选项卡"约束"面板中的"约束"按钮🦴，弹出"约束"对话框，如图9-22所示。对话框中各项的含义如下所述。

（1）实体1/2：选择要对齐的第1/2个组件的曲线、边、面或基准面。

（2）值：定义两个选定组件的偏移值为重合、切线、平行、角度或距离。

（3）范围：设置一个范围，以便组件可以在该范围内移动。

（4）约束类型，主要包括以下几种。

①重合⊕：创建一个重合约束。包括点—点、点—线、点—曲面、线—线、线—曲面或曲面—曲面。组件将会保持重合，"偏移"选项可用。

②相切♀：创建一个相切约束，包括线—曲面或曲面—曲面。"偏移"选项可用。

③同心◎：创建一个同心约束，包括圆弧—圆弧、圆弧—圆柱面或圆柱面—圆柱面。"偏移"选项可用。

④平行∥：创建一个平行约束，包括线—线、线—平面或平面—平面。

⑤垂直⊥：创建一个垂直约束，包括线—线、线—平面或平面—平面。

⑥角度∠：定义两个组件间线—线、线—平面或平面—平面角度。

⑦锁定🔒：锁定两个组件的相对位置。

⑧距离H：定义两个组件间的距离，包括点—点、点—线、点—平面、线—线、线—平面或平面—平面。如果约束对象为两个平行的面，则偏移距离默认为面之间的距离，其他对象则偏移距离默认为零。

⑨置中⊪：通过选择一个组件上的两个基体和另一个组件上的一个或两个中心实体来创建一个置中约束。

⑩对称≡：创建两个组件对称约束。

⑪坐标🦴：创建两个组件的坐标系重合。

在添加约束时，与组件的几何特征相比，更建议优先使用组件的基准面来进行约束定义，因为此时组件发生变化基准面不会被影响。在组件上右击，在弹出的快捷菜单中选择"显示外部基准"命令即可打开组件的基准，如图9-23所示。图9-24所示为利用基准面约束操作示例。

图9-22　"约束"对话框

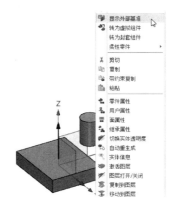

图9-23　显示外部基准

（5）共面/反向：反转当前约束的方向。

（6）干涉：确定如何处理组件之间的干涉。

（7）显示已有的约束：勾选该复选框，则显示所选组件的已有约束。

（8）仅用于定位：约束只改变组件的位置，不会添加约束。

（9）弹出迷你工具栏：选择了实体后，将弹出带有常用选项的可移动的对齐组件的迷你工具栏，如图9-25所示。

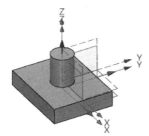

图9-24 利用基准面约束操作示例

图9-25 迷你工具栏

案例——万向节

本案例进行如图9-26所示的万向节的装配。

【操作步骤】

（1）打开文件。单击"快速入门"选项卡"开始"面板中的"打开"按钮，弹出"打开"对话框，选择"万向节.Z3"文件，单击"打开"按钮，弹出"管理器"对话框，如图9-27所示。该管理器中会显示所有创建好的零部件。

（2）新建装配文件。单击"万向节"文件名称前面的"添加新文件"按钮，弹出"新建[零件]"对话框，类型选择"零件/装配"，设置文件名称为"装配"，如图9-28所示。单击"确认"按钮，即可进入装配界面。

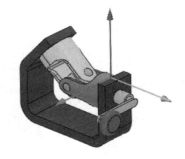

图9-26 万向节

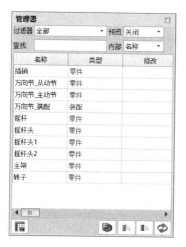

图9-27 "管理器"对话框

图9-28 "新建[零件]"对话框

（3）插入主架。在"装配管理"管理器中右击"装配"节点，在弹出的快捷菜单中选择"插入组件"命令，如图9-29所示。弹出"插入"对话框，选择"主架"组件，预览选择"图像"，类型选择"点"，勾选"固定组件"复选框，如图9-30所示。在绘图区选择坐标原点为插入点，结果如图9-31所示。

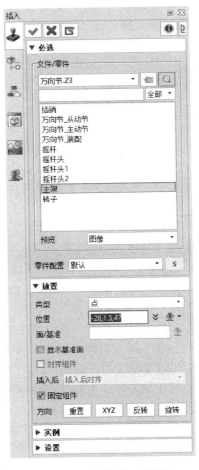

图9-29　选择命令　　　　　　　　　　　图9-30　"插入"对话框

（4）插入主动节。在"装配管理"管理器中右击"装配"节点，在弹出的快捷菜单中选择"插入组件"命令，弹出"插入"对话框，选择"万向节_主动节"组件，预览选择"图像"，放置类型选择"点"，取消勾选"固定组件"复选框，在绘图区适当位置单击放置组件。单击"确定"按钮 ✔，弹出"编辑约束"对话框，选择如图9-32所示的面1与面2对其进行同心约束，端面1与端面2进行重合约束。结果如图9-33所示。

（5）插入转子。在"装配管理"管理器中右击"装配"节点，在弹出的快捷菜单中选择"插入组件"命令，弹出"插入"对话框，选择"转子"组件，预览选择"图像"，放置类型选择"点"，在绘图区适当位置单击放置组件。单击"确定"按钮 ✔，弹出"编辑约束"对话框，选择如图9-34所示的孔1与孔2进行同心约束，端面1与端面2进行重合约束，设置偏移距离为2.5 mm，如图9-35所示。结果如图9-36所示。

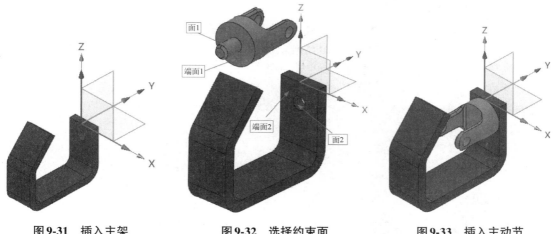

图 9-31 插入主架　　　　　　　图 9-32 选择约束面　　　　　　　图 9-33 插入主动节

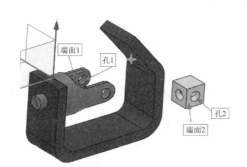

图 9-34 选择约束面

图 9-35 设置偏移距离

（6）插入从动节。在"装配管理"管理器中右击"装配"节点，在弹出的快捷菜单中选择"插入组件"命令，弹出"插入"对话框，选择"万向节_从动节"组件，预览选择"图像"，放置类型选择"点"，在绘图区适当位置单击放置组件。单击"确定"按钮 ✔，弹出"编辑约束"对话框，选择如图 9-37 所示的孔 1 与孔 2 对其进行同心约束，端面 1 与端面 2 进行重合约束，设置偏移距离为 1 mm。再选择图 9-38 所示的面 1 与面 2 进行重合约束，结果如图 9-39 所示。

（7）插入插销。在"装配管理"管理器中右击"装配"节点，在弹出的快捷菜单中选择"插入组件"命令，弹出"插入"对话框，选择"插销"组件，预览选择"图像"，放置类型选择"多点"，在绘图区适当位置单击放置组件。单击"确定"按钮 ✔，弹出"编辑约束"对话框，选择如图 9-40 所示的面 1 与面 2 对其进行同心约束，面 3 与面 4 进行同心约束。使用同样的方法，插入其他 3 个插销，结果如图 9-41 所示。

（8）插入摇杆。在"装配管理"管理器中右击"装配"节点，在弹出的快捷菜单中选择"插入组件"命令，弹出"插入"对话框，选择"摇杆"组件，预览选择"图像"，放置类型选择"点"，在绘图区适当位置单击放置组件。单击"确定"按钮 ✔，弹出"编辑约束"对话框，选择如图 9-42 所示的面 1 与面 2 对其进行同心约束，面 3 与面 4 进行重合约束，面 5

与面6进行重合约束，结果如图9-43所示。

（9）插入摇杆头。在"装配管理"管理器中右击"装配"节点，在弹出的快捷菜单中选择"插入组件"命令，弹出"插入"对话框，选择"摇杆头"组件，预览选择"图像"，放置类型选择"点"，在绘图区适当位置单击放置组件。单击"确定"按钮 ✔，弹出"编辑约束"对话框，选择如图9-44所示的面1与面2对其进行同心约束，面3与面4进行重合约束，结果如图9-45所示。

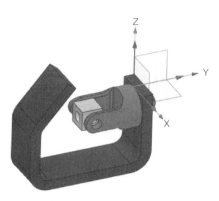

图9-36 插入转子

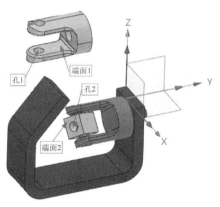

图9-37 选择约束面

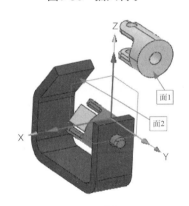

图9-38 选择面

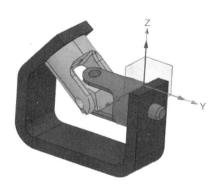

图9-39 插入从动节

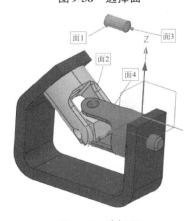

图9-40 选择面

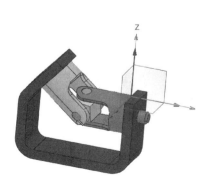

图9-41 插入插销

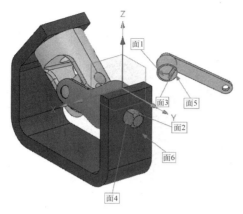

图9-42 选择约束面

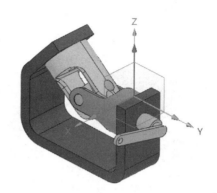

图9-43 插入摇杆

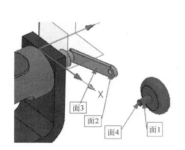

图9-44 选择约束面

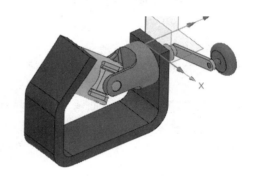

图9-45 插入摇杆头

三、机械约束

可为激活零件或装配里的两个组件或壳体创建机械对齐约束。

单击"装配"选项卡"约束"面板中的"机械约束"按钮，弹出"机械约束"对话框，如图9-46所示。对话框中提供啮合、路径、线性耦合、齿轮齿条、螺旋、槽口、凸轮和万向节8种约束类型，下面分别对这8种约束进行详细介绍。

（1）啮合：啮合约束不仅可用于齿轮间的传动，也适用于任意两个组件间的旋转关系。其对话框如图9-46所示，各项含义如下所述。

①齿轮1/2：该选项用于啮合约束。选择要对齐的第1/2个齿轮的圆柱面。

②角度：指定角度来旋转齿轮。该角度指齿轮间的相对位置。

③比例：设置传动比。

④齿数1/2：当选择"齿轮"选项时，需要设置齿轮1的齿数和齿轮2的齿数。

⑤反转：将从动齿轮的旋转方向反向。

啮合约束操作示例如图9-47所示。

（2）路径：创建路径约束，组件沿着所选的路径移动。点元素必须在组件内，路径可以是组件或装配文件的边、草图或线框。其对话框如图9-48所示。

①点：选择要对齐的第一个组件的点。

②路径：选择被对齐的第二个组件的线。

图 9-46　"机械约束"对话框

图 9-47　啮合约束操作示例

③路径约束：使用该选项指定路径约束。提供的路径约束包括以下几种。

a. 自由：可沿着路径拖曳组件。

b. 沿路径距离：指定顶点（实体1）到路径末端（实体2）的距离。勾选反转尺寸可改变路径末端。

c. 沿路径百分比：指定顶点（实体1）到路径末端（实体2）的距离百分比。勾选反转尺寸可改变路径末端。

④俯仰/偏航控制：指定约束的俯仰/偏航。可选择以下两种。

a. 自由：可沿着路径拖曳组件。

b. 随路径变化：约束组件的一个坐标轴与路径相切。可选择 X 轴、Y 轴或 Z 轴。

⑤滚转控制：指定约束的滚转控制。可选择以下两种。

a. 自由：组件的滚转未被约束。

b. 上向量：约束组件的一个坐标轴与指定的向量相切。指定一条线性边或平面作为上向量，并选择 X 轴、Y 轴或 Z 轴。

路径约束操作示例如图 9-49 所示。

图 9-48　路径约束

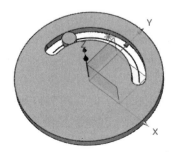

图 9-49　路径约束操作示例

（3）线性耦合⇄：创建线性耦合约束，为两个零部件添加相对的线性运动关系。其对话框如图9-50所示，各项含义如下所述。

①组件1/2：选择要对齐的第1/2个组件。

②方向1/2：选择线、坐标轴、圆柱面或平面作为第1/2个组件的移动方向。

③距离1/2：设置第1/2个线性耦合组件的移动距离。

线性耦合约束操作示例如图9-51所示。

图9-50　线性耦合约束

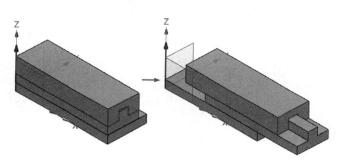

图9-51　线性耦合约束操作示例

（4）齿轮齿条：添加齿轮齿条约束，以一个零部件（齿轮）的旋转牵引另一个零部件（齿条）的线性传动，反之亦然。其对话框如图9-52所示，各项含义如下所述。

①齿条：选择要对齐的第一个组件的线性实体。

②齿轮：选择被对齐的第二个组件的圆柱面。

③转数/距离：设置平移每个长度单位的转数。

④距离/转数：设置每圈的平移距离，选择距离/转数，并在输入框内输入值。

齿轮齿条约束操作示例如图9-53所示。

图9-52　齿轮齿条约束

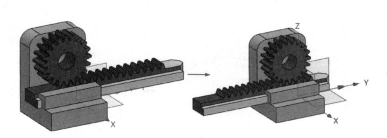

图9-53　齿轮齿条约束操作示例

（5）螺旋 ：螺旋约束将两个选中的零部件进行中心约束，添加一组能引起旋转和传动的约束关系。该约束不仅适用于螺栓和螺母，也可以定义两个零部件直接的旋转和传动关系。其对话框如图9-54所示，各项含义如下所述。

①螺旋实体：选择要对齐的第一个组件的圆柱面或单击鼠标中键取消该命令。

②线性实体：选择被对齐的第二个组件的线性实体。

螺旋约束操作示例如图9-55所示。

需要注意的是，根据选择的主动件和从动件来选择转数/距离和距离/转数两个参数。

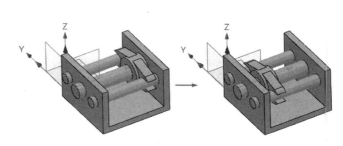

图9-54　螺旋约束　　　　　　　　　　图9-55　螺旋约束操作示例

（6）槽口 ：设置槽口约束。其对话框如图9-56所示，各项含义如下所述。

①实体1：选择要对齐的第一个组件。

②槽口面：选择被对齐的第二个组件的槽口面。

③槽口约束：使用该选项指定槽口约束。提供的槽口约束包括以下几种。

a. 自由：可沿着槽口两圆心间路径自由拖曳组件。

b. 槽口中心：约束组件在槽口中心处，固定不动。

c. 沿槽口距离：输入距离值，约束组件在以圆心为起点的槽口距离处。

d. 沿路径百分比：拖曳滚动条，槽口的一个圆心处为0，另一个圆心处为100%，槽口中心为50%，调整约束组件的位置。

槽口约束操作示例如图9-57所示。

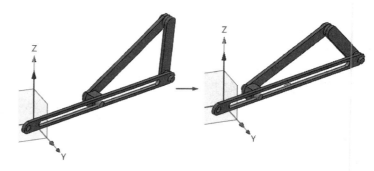

图9-56　槽口约束　　　　　　　　　　图9-57　槽口约束操作示例

（7）凸轮 ：添加凸轮约束。其对话框如图9-58所示，各项含义如下所述。

①实体1：选择要对齐的第一个组件。

②凸轮面：选择被对齐的第二个组件的凸轮面。

凸轮约束操作示例如图9-59所示。

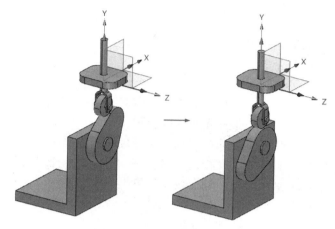

图9-58　凸轮约束　　　　　　　　　　图9-59　凸轮约束操作示例

（8）万向节 ：创建一个万向节约束。其对话框如图9-60所示，各项含义如下所述。

①十字轴1/2：选择要对齐的第1/2个组件的十字轴。

②铰接点1/2：选择轴上的点作为要对齐的第1/2个组件的铰接点。

③传动轴1/2：选择要对齐的第1/2个组件的传动轴。

万向节约束操作示例如图9-61所示。

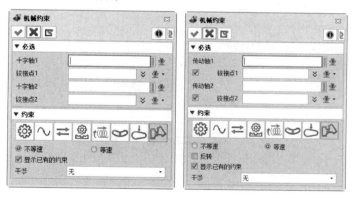

图9-60　万向节约束

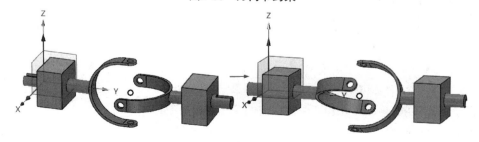

图9-61　万向节约束操作示例

四、带轮

"带轮"命令用于带轮类零部件（皮带、链带、同步带）的设计。需选择两个或两个以上带轮几何体才能生成带轮特征。

单击"装配"选项卡"约束"面板中的"带轮"按钮，弹出"带轮"对话框，如图9-62所示。对话框中各项的含义如下所述。

（1）带轮：选择作为带轮的几何体。所选几何体的轴线必须平行。

（2）直径：输入带轮直径。

（3）列表：使用列表在一个带轮命令中存储带轮、直径和其他信息。该列表可以支持存储为不同的带轮边设置不同的直径。

（4）皮带基准面：选择与带轮轴线垂直的平面，用于指定皮带草图的放置平面。

（5）长度驱动：指定皮带长度，自动调整带轮位置。

（6）启用厚度：输入皮带厚度。

（7）生成皮带零件：生成带皮带草图的皮带零件。

带轮操作示例如图9-63所示。

图9-62 "带轮"对话框

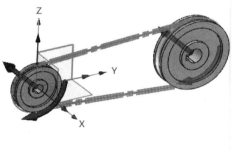

图9-63 带轮操作示例

项 目 实 战

实战 齿轮泵装配

本实战的内容为装配图9-64所示的齿轮泵，并进行运动仿真。

【操作步骤】

（1）新建装配文件。单击"快速入门"选项卡"开始"面板中的"新建"按钮，弹出"新建文件"对话框，类型选择"装配"，设置唯一名称为"齿轮泵装配"，如图9-65所示。单击"确认"按钮，进入装配设计界面。

（2）插入基座。单击"装配"选项卡"组件"面板中的

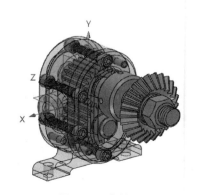

图9-64 齿轮泵

"插入"按钮👇，弹出"插入"对话框，选择"齿轮泵基座"组件，放置类型选择"默认坐标"，勾选"固定组件"复选框，单击"确定"按钮✔，齿轮泵基座插入完成，如图9-66所示。

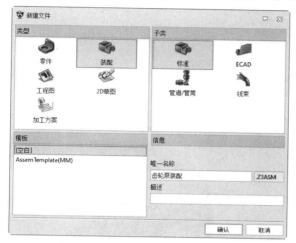

图9-65　"新建文件"对话框

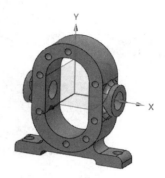

图9-66　插入齿轮泵基座

（3）插入齿轮泵前盖。单击"装配"选项卡"组件"面板中的"插入"按钮👇，弹出"插入"对话框，选择"齿轮泵前盖"组件，放置类型选择"点"，取消勾选"固定组件"复选框，单击"确定"按钮✔，弹出"约束"对话框，选择如图9-67所示的面1与面2对其进行重合约束，面3与面4进行同心约束，面5与面6进行同心约束。结果如图9-68所示。

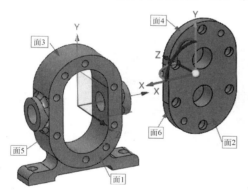

图9-67　选择约束面

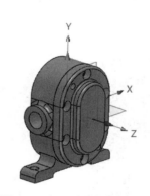

图9-68　插入齿轮泵前盖结果

（4）插入传动轴装配。单击"装配"选项卡"组件"面板中的"插入"按钮👇，弹出"插入"对话框，选择"传动轴装配"组件，放置类型选择"点"，单击"确定"按钮✔，弹出"约束"对话框，选择如图9-69所示的轴肩端面和前盖端面对其进行重合约束，再选择前盖的上孔内表面与传动轴的外圆柱面进行同心约束，如图9-70所示。

（5）插入支撑轴装配。单击"装配"选项卡"组件"面板中的"插入"按钮👇，弹出"插入"对话框，选择"传动轴装配"组件，放置类型选择"点"，单击"确定"按钮✔，弹出"约束"对话框，选择支撑轴的轴肩端面和前盖端面对其进行重合约束，再选择前盖的下孔内表面与支撑轴的外圆柱面进行同心约束。通过旋转拖动齿轮使得两齿轮不发生干涉，结果如图9-71所示。

（6）创建机械约束。单击"装配"选项卡"约束"面板中的"机械约束"按钮，弹出"机械约束"对话框，选择约束类型为啮合，选择如图9-72所示的两齿轮端面，设置比例为1，勾选"反转"复选框，如图9-73所示。

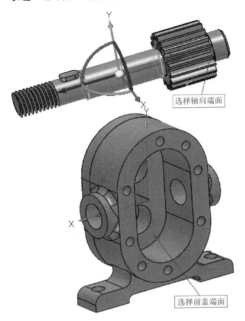

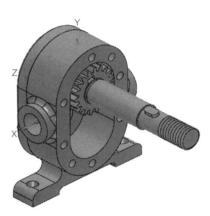

图9-69　选择面　　　　　　　　图9-70　插入传动轴装配

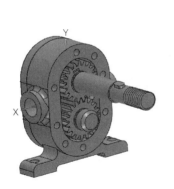

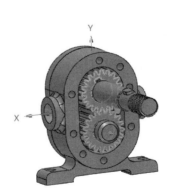

图9-71　插入支撑轴装配　　　　图9-72　选择面　　　　　图9-73　设置参数

（7）插入齿轮泵后盖。采用与齿轮泵前盖同样的约束，插入后盖，结果如图9-74所示。

（8）插入压紧螺母。单击"装配"选项卡"组件"面板中的"插入"按钮，弹出"插入"对话框，选择"压紧螺母"组件，放置类型选择"点"，单击"确定"按钮，弹出"约束"对话框，选择压紧螺母的内孔底面和后盖螺纹凸台的端面对其进行重合约束，再选择压紧螺母外圆柱面与后盖螺纹凸台的外圆柱面进行同心约束，结果如图9-75所示。

（9）插入锥齿轮。单击"装配"选项卡"组件"面板中的"插入"按钮，弹出"插入"对话框，选择"锥齿轮"组件，放置类型选择"点"，单击"确定"按钮，弹出"约束"

对话框，选择锥齿轮的内孔底面和后盖螺纹凸台的端面对其进行重合约束，再选择压紧螺母外圆柱面与后盖螺纹凸台的外圆柱面进行同心约束，结果如图9-76所示。

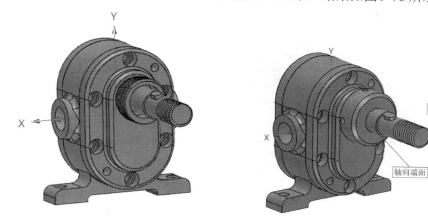

图9-74　插入齿轮泵后盖　　　　　　　　图9-75　插入压紧螺母

（10）插入其他附件。使用同样的方法，插入垫片、螺母M14、2个销和6个螺钉M6×12，结果如图9-77所示。

（11）镜像螺钉M6×12。单击"装配"选项卡"基础编辑"面板中的"镜像"按钮，弹出"镜像"对话框，选择3个螺钉，以"默认CSYS_XZ"平面为镜像平面，单击"副本"选项，单击"确定"按钮，镜像完成，如图9-78所示。

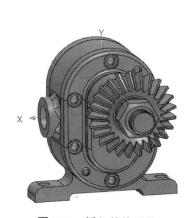

图9-76　插入其他附件

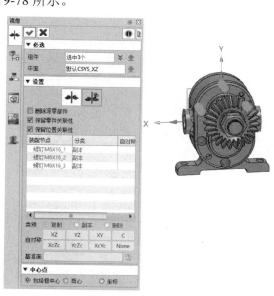

图9-77　镜像参数设置

（12）镜像螺钉和销。单击"装配"选项卡"基础编辑"面板中的"镜像"按钮，弹出"镜像"对话框，选择6个螺钉和2个销，以"默认CSYS_XY"平面为镜像平面，单击"副本"选项，自对称选择"None"，单击"确定"按钮，结果如图9-79所示。

（13）设置透明度。在"装配管理"管理器中选中齿轮泵基座、齿轮泵后盖和齿轮泵前盖，右击，在弹出的快捷菜单中选择"显示"→"透明"命令，将3个组件设置为透明，结果如

图 9-80 所示。

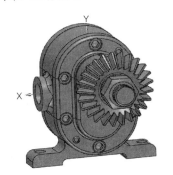

图 9-78　镜像螺钉

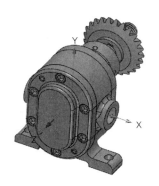

图 9-79　镜像结果

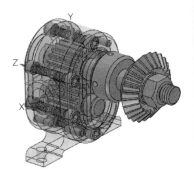

图 9-80　设置透明度

项目十　装配编辑和动画

素质目标

➢ 通过学习和使用装配编辑工具，培养对复杂系统的整体理解能力
➢ 培养安全意识，确保工程设计和操作符合安全标准和规范

技能目标

➢ 装配编辑工具
➢ 组件检查工具
➢ 爆炸视图
➢ 动画

项目导读

本项目将探讨装配编辑工具、组件检查工具、爆炸视图和动画在三维建模中的应用。这些工具和方法能提高设计效率、优化装配结构，并通过直观的展示方式增强沟通与协作。

任务1　装配编辑工具

任务引入

小明在装配完成后发现某些组件的位置、方向或尺寸不符合要求，为了提高产品的性能，需要对装配中的组件进行调整。那么，小明该如何调整组件，才能确保装配的正确性呢？

知识准备

中望3D 2024提供了阵列、移动、镜像等组件编辑命令，可以帮助用户直接在装配环境中快速地编辑装配组件。本任务将对剪切、旋转和拖曳的使用方法进行介绍。

一、剪切

"剪切"命令常常用来切断组件的干扰或组件间的干涉。

单击"装配"选项卡"基础编辑"面板中的"剪切"按钮，系统弹出"剪切"对话框，如图10-1所示，对话框中各项的含义如下所述。

（1）剪切体：选择组件或造型作为剪切体。

（2）组件：选择要被剪切的组件。

剪切操作示例如图10-2所示。

图10-1　"剪切"对话框

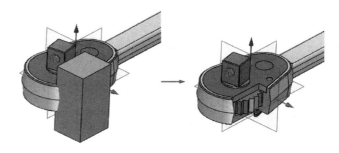

图10-2　剪切操作示例

（3）组件继承该特征：勾选该复选框，则会将此特征继承给组件。为防止修改影响组件，建模历史将被冻结。默认情况下，特征继承是相关联的，因此在修改之后，装配特征会继承到组件。当修改确认后，可以在"历史管理"管理器中选中剪切体，用鼠标右击，在系统弹出的快捷菜单中单击"解除链接"命令，手动解除链接，如图10-3所示。

图10-3　解除链接

二、旋转

在未指定原点时，"旋转"命令可使所选组件以该组件创建时的坐标原点为中心自由旋转。首先选择一个组件，再移动光标，组件将自由旋转或沿着未约束的坐标旋转。完全约束的组件不会旋转。

单击"装配"选项卡"基础编辑"面板中的"旋转"按钮，弹出"旋转"对话框，如

图10-4所示，对话框中各项的含义如下所述。

（1）组件：选择旋转的组件。

（2）拖曳点：选择组件旋转到的目标位置。

（3）原点：指定组件的旋转点。需要注意的是，旋转组件后，该命令将不会在"历史管理"管理器中生成对应的特征。

（4）动态间隙：勾选"启用"复选框，检查选中的两个实体间的动态间隙。

三、拖曳

通过动态坐标系拖曳组件。完全被约束的组件无法移动。可以使用"拖曳"命令来测试约束系统的总自由度。

单击"装配"选项卡"基础编辑"面板中的"拖曳"按钮，弹出"拖曳"对话框，如图10-5所示，对话框中各项的含义如下所述。

图10-4　"旋转"对话框

（注：图中"拽"应为"曳"，为保持软件原状此处不做修改。）

图10-5　"拖曳"对话框

（注：图中"拽"应为"曳"，为保持软件原状此处不做修改。）

（1）组件：选择要拖曳的组件。

（2）目标点：拖曳组件至目标位置，单击放置。

（3）不约束解决方案：勾选该复选框，中望3D 2024会尝试求解装配约束的备选算法，以便在默认算法无法找到方案时找到可能的方案。这样，不约束的算法可能会变慢，且可能不那么准确，但是仍能在容差范围内解决问题。

（4）复制：复制所选的组件到目标。

拖曳操作示例如图10-6所示。

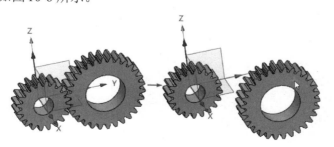

图10-6　拖曳操作示例

任务2　组件检查工具

任务引入

装配完成后，小明想查看装配是否合理、约束是否满足要求、装配间隙是否合适，他该如何进行这些检查？

知识准备

中望3D 2024提供多种工具对装配内的组件进行操作。用户可检查干涉、隐藏组件或查询组件属性设置。用户也可单独为组件设置重新生成状态和复制零件。

一、间隙检查

在装配环境下，使用"间隙检查"命令，检查组件或装配之间的间隙是否处在指定的范围内。

单击"装配"选项卡"查询"面板中的"间隙检查"按钮，弹出"间隙检查"对话框，如图10-7所示，对话框中各项的含义如下所述。

（1）组件：选择一个或多个组件，或者单击鼠标中键选择整个装配进行检查。

（2）间隙（<）：输入间隙值，用来设置间隙检查范围，此值设定为大于0。

结果的输出：当组件的间隙小于设定值且大于0时，显示对应的间隙值。等于0则显示为接触。干涉则显示干涉。间隙检查操作示例如图10-8所示。

图10-7　"间隙检查"对话框

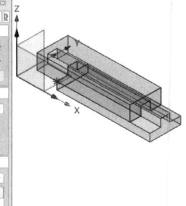
图10-8　间隙检查操作示例

（3）检查：单击该按钮，则会根据设置选项生成间隙结果。

（4）检查域。

①仅检查被选组件：仅检查被选组件之间的间隙。

②包括未选组件：不仅检查被选组件之间的间隙，还检查被选组件与其他未选择的组件之间的间隙。

（5）检查组件和造型之间的间隙：默认为不勾选，不勾选此选项则只检查组件与组件之间的间隙。勾选后，不仅检查组件与组件之间的间隙，还检查组件与造型之间的间隙。

（6）检查子装配内部零件间隙：默认为不勾选。勾选后，当组件中含有子装配时，需要分析子装配内零件之间的间隙。

（7）忽略隐藏造型和组件：默认为不勾选。勾选后，则隐藏的造型和组件不参与间隙检查。

二、干涉检查

使用"干涉检查"命令，检查组件或装配之间的干涉。进行干涉计算时，忽略装配内抑制的组件。

单击"装配"选项卡"查询"面板中的"干涉检查"按钮，弹出"干涉检查"对话框，如图10-9所示，对话框中各项的含义如下所述。

（1）检查域。

①仅检查被选组件：仅检查被选组件之间的干涉。

②包括未选组件：不仅检查被选组件之间的干涉，还检查被选组件与其他未选择的组件之间的干涉。

（2）检查与零件的干涉：勾选该复选框，检查被选组件与零件之间的干涉。

（3）检查零件间的干涉：勾选该复选框，检查零件与零件之间的干涉。

（4）视子装配为单一组件：仅被选组件中包含子装配时，该选项可选。勾选该复选框，将子装配作为一个整体，不检查子装配内部的干涉。

（5）忽略隐藏造型和组件：勾选该复选框，则隐藏的造型和组件不参与干涉检查。

（6）保存干涉几何体：勾选该复选框，如果发现干涉，则创建与原干涉大小相等的新特征，并保留其历史操作；否则，命令结束后不会留下任何信息。

（7）显示忽略干涉：勾选该复选框，显示忽略的干涉。列表中会罗列出干涉项。选中干涉，右击，选择忽略干涉，列表下会显示有多少个干涉被忽略。如果需要撤消忽略干涉，可单击撤销忽略。

（8）仅显示干涉组件或造型：勾选该复选框，则只显示互相干涉的组件或造型，其余不显示。

（9）非干涉组件：设置非干涉组件的显示模式，包括隐藏、透明、着色和线框。如果选择隐藏，则非干涉组件将不会显示。

（10）结果列表框：干涉检查列出所有干涉结果，勾选干涉结果前的复选框则显示对应干涉几何体，否则将不显示。

干涉检查操作示例如图10-10所示。

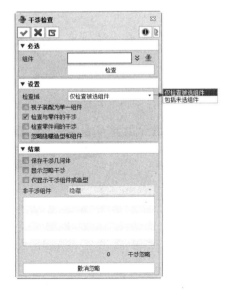

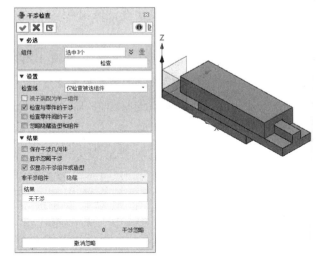

图 10-9　"干涉检查"对话框　　　　　　图 10-10　干涉检查操作示例

三、3D BOM

使用"3D BOM"命令创建 3D BOM 表。3D BOM 包含以下特点。

（1）支持对所有组件和造型的属性进行统一管理，包括查看、修改等。

（2）支持在 3D BOM 中直接新加自定义属性和更新所有组件和造型的计算属性。

（3）支持将 3D BOM 数据导出到 Excel 中。

（4）支持直接在 Excel 中编辑 3D BOM 数据并保存到中望 3D 2024 中。

（5）支持虚拟件。

单击"装配"选项卡"查询"面板中的"3D BOM"按钮▦，弹出"3D BOM"对话框，如图 10-11 所示，对话框中各项含义如下所述。

（1）仅顶层：选择此项，只显示顶层零部件项。

（2）仅零件：选择此项，只显示零件，不包含装配体。

（3）缩进：选择此项，按装配层级缩进显示。

（4）仅造型：仅当包含造型时可用，选择此项，只显示造型。

（5）所有组件：选择此项，显示同一层级的所有组件。

需要注意的是，在零件环境下，3D BOM 仅支持对造型属性进行管理。

（6）包括未放置组件▦：单击该按钮，3D BOM 中将显示未放置组件的信息。

（7）包括造型▦：单击该按钮，3D BOM 中将显示造型信息。

（8）显示同一零件的不同配置为单个项▦：单击该按钮，同一零件的不同配置将显示为单个项。

（9）显示"不在 BOM 显示"的条目▦：单击该按钮，显示"不在 BOM 显示"的条目。

（10）更新计算属性▦：单击该按钮，更新 3D BOM 中所有计算属性。

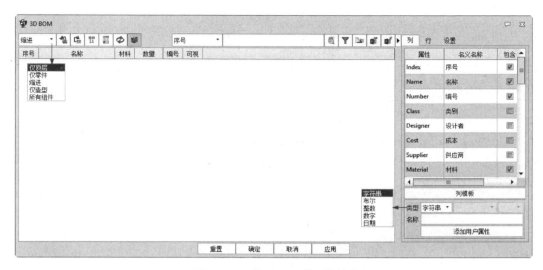

图 10-11 "3D BOM"对话框

（11）包含虚拟组件 🐛：单击该按钮，显示虚拟组件。

（12）精确搜索 🔍：精确搜索启动时，只有组件信息与搜索内容完全相符时，才显示为搜索结果。不启动时，只要组件信息包含搜索内容，就会显示为搜索结果。

（13）过滤搜索结果 ▽：把搜索结果单独显示。

（14）导出格式 📠：把当前 3D BOM 表格式输出为模板，将模板保存为.Z3DBOMTT 格式。

（15）导出数据 📑：把当前 3D BOM 内容输出到 Excel。

（16）编辑数据 📑：把当前 3D BOM 表格式同步在 Excel 中显示，数据可在 Excel 中编辑。

（17）列：所有 3D BOM 可选择的属性都会显示在"列"选项卡中，包括系统属性和自定义属性，如图 10-12 所示。

①属性：该属性在系统中对应的名字，不能被修改。

②名义名称：该属性在 3D BOM 中对应的名字，可以被修改。

③包含：勾选该复选框，对应的属性会显示在 3D BOM 中。

④总计：勾选该复选框，对应的属性会显示在总计栏。

⑤列模板：选择一个列模板导入到 3D BOM 中，立即生效。

⑥添加用户属性：用户可以添加自定义属性，自定义属性的类型包括字符串、布尔、整数、数字及日期。

（18）行：所有被排除的组件，都会显示在"行"选项卡中，如图 10-13 所示。可以通过右击菜单"包含组件"把排除的项重新加到 3D BOM 中。

（19）设置："设置"选项卡提供 BOM 的模板、属性预设值和 Excel 导出格式等的模板设置，如图 10-14 所示。设置完成后，将默认使用定义的模板生成相关内容。

①缺省模板设置：勾选该复选框，单击"打开"按钮 📂，在安装目录的"supp"文件里存在一个"Default.Z3DBOMTT"范例。

②预设属性列表：勾选该复选框，单击"打开"按钮 📂，选择一个模板为属性预设置下拉菜单的值。在安装目录的"supp"文件里存在一个"Template.z3preset"范例。

③导出 Excel 模板：勾选该复选框，单击"打开"按钮 📂，选择一个模板作为输出 Excel

时的模板。在安装目录的"supp"文件里存在一个"ExportConfiguration.txt"范例。

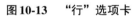

图 10-12	"列"选项卡	图 10-13	"行"选项卡	图 10-14	"设置"选项卡

任务3 爆炸视图

任务引入

爆炸视图可将装配体中的零件按照特定的方向和距离拆分开来，生成一个"爆炸"的效果。这种视图可以清晰地展示装配体的内部结构和各个零件的位置关系，那么，小明该如何创建爆炸视图呢？

知识准备

为了帮助用户更加清楚地理解装配体内部的细节及装配过程，可以使用中望 3D 2024 装配选项卡中的"爆炸视图"命令在一个独立的工作区域中创建爆炸视图。

使用该命令为每个配置做不同的爆炸视图。该命令提供一个过程列表记录每个爆炸步骤，每个爆炸步骤都可以通过右击菜单选项重新定义或删除。用户也可以通过拖曳方式来调整爆炸步骤。

单击"装配"选项卡"爆炸视图"面板中的"爆炸视图"按钮🛠，弹出"爆炸视图"对话框，如图 10-15 所示。该对话框用于选择要爆炸的装配体的配置和新建的爆炸视图的名称。若选择已有视图，则自动炸开该爆炸视图。设置完成后，单击"确定"按钮✔，进入爆炸视图界面，弹出"爆炸视图"选项卡，如图 10-16 所示。

在中望 3D 2024 中有两种创建爆炸视图的方式。

一种是单击"爆炸视图"选项卡中的"添加爆炸步骤"按钮🛠，手动为爆炸视图创建步骤。为了获得更加精确和清晰的爆炸视图，建议使用添加步骤来手动创建。

图10-15　"爆炸视图"对话框

图10-16　"爆炸视图"选项卡

另一种是单击"自动爆炸"按钮来自动创建爆炸视图步骤。

一、手动创建爆炸视图

单击"爆炸视图"选项卡中的"添加爆炸步骤"按钮🛠️，弹出"添加爆炸步骤"对话框，如图10-17所示。对话框中提供了可选择的手动爆炸类型，包括平移爆炸、旋转爆炸和径向爆炸。

（1）平移爆炸🛠️：选择组件后，在第一个所选组件的包络框中心显示三重坐标轴，拖动三重坐标轴，所有被选中的组件一起移动。对话框如图10-17所示，各项的含义如下所述。

①实体：选择要爆炸的组件。

②方向：设置爆炸方向，组件将沿着该方向进行爆炸。

③偏移：设置距离值。

④轴：设置轴，组件将沿着轴所在的方向进行爆炸。

⑤角度：设置与轴旋转形成的角度。

⑥记录转折点：当前位置被记录，可以再次进行其他方向爆炸步骤，最终形成复杂的、连续的多段爆炸路径。

⑦选择子装配零件：当前选择的对象所属的子装配被整体进行爆炸，可以满足对装配体的爆炸，最终形成所需的爆炸效果。

⑧添加轨迹线：创建爆炸视图时会以双点划线记录爆炸轨迹。

手动添加爆炸步骤操作示例如图10-18所示。

图10-17　"添加爆炸步骤"对话框

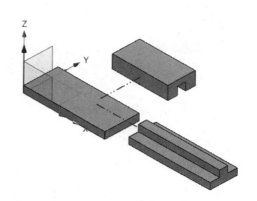

图10-18　手动添加爆炸步骤操作示例

（2）旋转爆炸🛠️：选择组件后，选择旋转轴，则三重坐标轴显示在轴线的中点上，所选组件绕所选轴进行旋转，如图10-19所示。若不选择旋转轴，则不显示旋转控件。其对话框如图10-20所示。

（3）径向爆炸✥：所选组件围绕一根所选的轴，沿背离轴的方向拖动组件，轴支持选择的对象为草图线、线框、圆柱面（圆柱的轴）和圆形面（面法向和圆心）。在第一个选择的组件包络框中心上显示移动的轴，如图10-21所示。其对话框如图10-22所示。

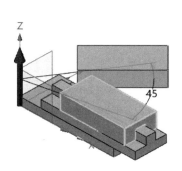

图10-19 旋转爆炸操作示例

图10-20 旋转爆炸

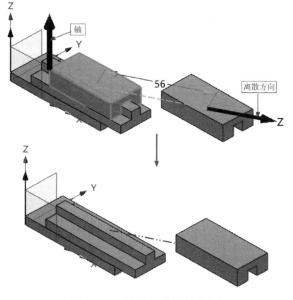

图10-21 径向爆炸操作示例

图10-22 径向爆炸

二、自动爆炸

使用"自动爆炸"命令实现批量对组件自动创建爆炸视图并且距离均匀，如图10-23所示。

单击"爆炸视图"选项卡中的"自动爆炸"按钮🗗，弹出"自动爆炸"对话框，如图10-24所示。

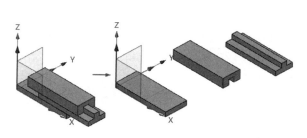

图 10-23　自动爆炸操作示例

图 10-24　"自动爆炸"对话框

三、爆炸视频

完成所有的爆炸视图步骤后，可以使用"爆炸视频"命令来把爆炸视图保存为.avi 格式的视频文件。当回到装配层级时，可在"装配管理"管理器中的配置中找到创建好的爆炸视图，如图 10-25 所示。

单击"爆炸视图"选项卡中的"爆炸视频"按钮 🐾，弹出"爆炸视频"对话框，如图 10-26 所示，对话框中各项的含义如下所述。

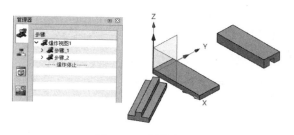

图 10-25　爆炸视图

图 10-26　"爆炸视频"对话框

（1）保存爆炸过程：勾选该复选框，则爆炸过程保存为视频。

（2）保存折叠过程：勾选该复选框，则折叠过程保存为视频。

（3）自定义录制大小：自定义录制视频的宽度和高度。

任务4　动画

任务引入

在小明的设计完成后，为了更直观地展示和验证装配设计，需要用动画来模拟和验证产品，那么，他该如何进行动画制作呢？

知识准备

中望 3D 2024 的动画模块用于模拟产品的真实运动，可实现产品运动仿真和产品装配动画。它的原理是基于关键帧记录不同时间组件的位置，然后按顺序将关键帧连接到动画中。

　　需要注意的是，动画对象是仅存在于装配体的目标对象，无法为装配体之外的对象创建动画。

一、新建动画

"新建动画"命令用于新建一个动画。

单击"装配"选项卡"动画"面板中的"新建动画"按钮，系统弹出"新建动画"对话框，如图10-27所示。该对话框中各项含义如下所述。

图10-27　"新建动画"对话框

（1）时间：设置动画的总时长，格式为（分钟：秒数）。

（2）名称：设置动画名称。

时间和名称设置完成后，单击"确定"按钮，进入动画界面，如图10-28所示。在该界面中可以创建关键帧、添加马达、创建相机位置、创建运动轨迹和录制动画等。

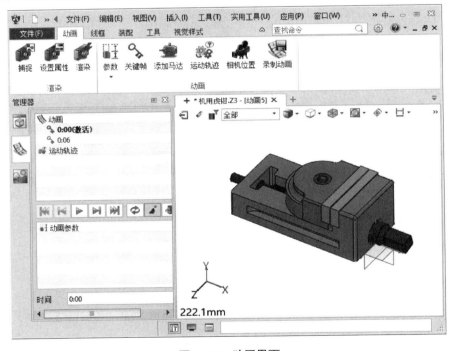

图10-28　动画界面

二、创建关键帧

关键帧定义了当动画参数赋予确切值时该动画所处的时间。从一个关键帧到另一个关键帧之间的参数值呈线性变化。

单击"动画"选项卡"动画"面板中的"关键帧"按钮，弹出"关键帧"对话框，如图10-29所示。设置关键帧的时间，单击"确定"按钮，创建的关键帧在管理器中被激活，如图10-30所示。

图10-30 管理器

图10-29 "关键帧"对话框

对管理器中所有关键帧的参数和命令的说明如下所述。

（1）时间轴：时间轴是管理所有信息关键帧的地方。可以在不同时间激活关键帧，如图10-31所示。可利用时间轴检查产品在关键帧的位置。

（2）关键帧：关键帧是当前时间内记录产品位置的最小动画单位。关键帧的最小单位是秒，输入60秒时，会自动转换成1分钟，如图10-32所示。但是超过1分钟的时间，需要按正确的格式输入。例如，1分40秒应输入为"1:40"。此外，所有关键帧会自动按顺序排列，如图10-33所示。

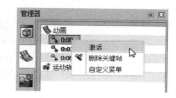

图10-31 激活关键帧

图10-32 60秒转换为1分钟　　　　　图10-33 关键帧自动排序

三、设置关键帧参数

动画参数是指在动画过程中可变的值，是驱动产品位置变化的主要变量。通过参考装配约束中的变量，调整每个关键帧相对应的组件位置。因此，约束距离或角度偏移变量可以在装配动画中作为参数使用。

单击"动画"选项卡"动画"面板中的"参数"按钮 ，弹出"参数"对话框，如图10-34所示。双击要修改的参数，弹出"输入标注值"对话框，如图10-35所示。在该对话框中可修改组件在该时间点的位置。单击"确定"按钮，在管理器中显示创建的参数，如图10-36所示。

图 10-34　"参数"对话框

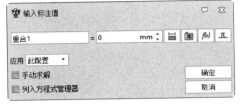

图 10-35　"输入标注值"对话框

图 10-36　创建参数

四、创建相机位置

可通过"相机位置"命令为每个关键帧添加相机位置，通过更改相机在每个关键帧的相机位置来显示多角度的产品。此外可以直接在建模空间调整模型位置，定义为当前相机的位置，或者通过准确的坐标来定义相机位置。

单击"动画"选项卡"动画"面板中的"相机位置"按钮 🐾，弹出"相机位置"对话框，如图 10-37 所示。先单击"当前视图"按钮，再单击"确定"按钮 ✔，在管理器中即可创建相机位置，如图 10-38 所示。

图 10-37　"相机位置"对话框

图 10-38　创建相机位置

五、创建运动轨迹

"运动轨迹"命令用于捕捉装配动画过程中运动组件的运动轨迹，供用户直观地观察组件的运动状态来验证其运动是否符合预期。同时，可将该轨迹生成具体曲线，反向影响其他相关组件的零件设计。

单击"动画"选项卡"动画"面板中的"运动轨迹"按钮 🐾，弹出"运动轨迹"对话框，如图 10-39 所示。在装配体上指定要跟踪的点，输入名称，单击"确定"按钮 ✔，即可在管理器中显示追踪结果。右击该追踪结果，弹出快捷菜单，如图 10-40 所示。通过该菜单可对运动轨迹进行重定义、抑制/取消抑制、删除、隐藏/取消隐藏、输出文件或创建曲线等操作。

图10-39 "运动轨迹"对话框

图10-40 快捷菜单

六、添加马达

马达用于提供原始动力。在运动仿真时，装配机构可由马达给定原始动力来源，用户可以指定速度、方向等条件，然后装配机构就会在马达的带动下进行运动仿真。

单击"动画"选项卡"动画"面板中的"添加马达"按钮，弹出"添加马达"对话框，如图10-41所示。对话框中各项的含义如下所述。

（1）马达类型。马达类型主要有以下两种。

旋转马达：单击该按钮，选择旋转马达。

直线电机：单击该按钮，选择直线电机。

（2）组件：定义马达作用于哪个组件。

（3）方向：定义马达运动的方向。对于直线马达，方向是直线方向；对于旋转马达，方向是旋转方向（顺时针/逆时针）。

（4）类型：选择"等速"的运动类型，是指全程速度相等的运动。

（5）速度：定义运动速度的值。线性默认单位是mm/s，转速默认单位是rpm。

（6）开始时间/结束时间：可以设置马达作用的起始及终止时间。

创建马达后，会在对应的关键帧节点下创建马达作用起始/终止的标记，如图10-42所示。需要注意的是，起始点必须在终止点之前。

图10-41 "添加马达"对话框

图10-42 创建马达标记

七、录制动画

使用"录制动画"命令，将激活的动画保存到外部动画文件中。

单击"动画"选项卡"动画"面板中的"录制动画"按钮 ，弹出"保存文件"对话框，设置保存路径和名称，单击"保存"按钮。然后在如图 10-43 所示的"录制动画"对话框中设置录制条件。对话框中各项的含义如下所述。

（1）FPS：设置每秒的帧数。

（2）使用压缩：勾选该复选框，则创建压缩动画。

（3）质量：拖动滑动块，改变动画质量。

（4）从头开始录制：勾选该复选框，则从动画开始部位录制动画。

（5）自定义录制大小：勾选该复选框，则需要设置录制的动画的宽度和高度。

案例——创建机用虎钳的动画

本案例创建如图 10-44 所示的机用虎钳的动画。

图 10-43　"录制动画"对话框

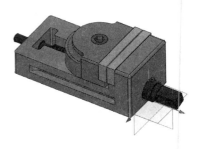

图 10-44　机用虎钳

【操作步骤】

（1）打开源文件。打开"机用虎钳"源文件。

（2）新建动画。单击"装配"选项卡"动画"面板中的"新建动画"按钮 ，弹出"新建动画"对话框，时间设置为 6 秒，如图 10-45 所示。单击"确定"按钮 ，进入动画界面。

（3）创建关键帧。在"动画管理"管理器中右击，在弹出的快捷菜单中选择"关键帧"命令，如图 10-46 所示。弹出"关键帧"对话框，如图 10-47 所示。设置时间为 3 秒。

图 10-45　"新建动画"对话框

图 10-46　选择"关键帧"命令

（4）设置参数。双击关键帧"0:00"，将其激活。单击"动画"选项卡"动画"面板中的"参数"按钮 ，弹出"参数"对话框，双击滑动块的"重合 4（平面/平面）"约束，如图 10-48 所示。系统弹出"输入标注值"对话框，输入值为 0，如图 10-49 所示。单击"确定"按钮，关键帧"0:00"位置处的参数创建完成。此时，滑动块位置如图 10-50 所示。

（5）设置其他位置的参数。使用同样的方法，双击关键帧"0:03"，将其激活，设置时间为 30 秒，此时滑动块的位置如图 10-51 所示；关键帧"0:06"时，设置时间为 60 秒，此时滑动块的位置如图 10-52 所示。

（6）播放动画。单击"动画管理"管理器中的"播放"按钮 ，进行动画播放。

（7）定义相机位置 1。双击关键帧"0:00"，将其激活。按住鼠标中键沿屏幕左上角将机用虎钳拖出屏幕，单击"动画"选项卡"动画"面板中的"相机位置"按钮 ，弹出"相机位置"对话框，如图 10-53 所示。先单击"当前视图"按钮，再单击"确定"按钮 ✔，相机位置 1 创建完成，如图 10-54 所示。

图 10-47　"关键帧"对话框

图 10-48　"参数"对话框

图 10-49　"输入标注值"对话框

图 10-50　关键帧"0:00"时滑动块位置

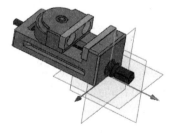

图 10-51　关键帧"0:03"时滑动块位置

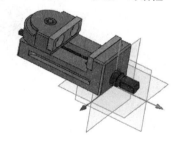

图 10-52　关键帧"0:06"时滑动块位置

图 10-53　"相机位置"对话框

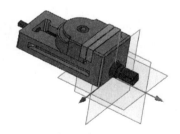

图 10-54　相机位置 1

（8）定义相机位置 2。双击关键帧"0:03"，将其激活。按住<Ctrl+A>组合键，缩放机用虎钳至合适的尺寸，双击图 10-54 所示的相机位置 1，系统弹出"相机位置"对话框，先单击

"当前视图"按钮，再单击"确定"按钮✔，相机位置2创建完成。

（9）定义相机位置3。双击关键帧"0:06"，将其激活。按住鼠标中键沿屏幕右上角将机用虎钳拖出屏幕，双击图10-54所示的相机位置1，系统弹出"相机位置"对话框，先单击"当前视图"按钮，再单击"确定"按钮✔，相机位置3创建完成。

（10）添加马达。单击"动画"选项卡"动画"面板中的"添加马达"按钮，弹出"添加马达"对话框，选择"旋转马达"，组件选择螺杆，方向为X轴方向，设置速度为50 rpm，开始时间为"0:00"，结束时间为"0:06"，如图10-55所示。

（11）录制动画。单击"动画"选项卡"动画"面板中的"录制动画"按钮，弹出"保存文件"对话框，设置保存路径和名称"机用虎钳运动仿真"，单击"保存"按钮，在"录制动画"对话框中勾选"从头开始录制"复选框，如图10-56所示。单击"确定"按钮✔，开始录制动画。

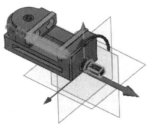

图10-55　"添加马达"对话框

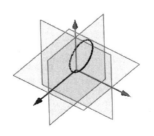

图10-56　"录制动画"对话框

（12）创建运动轨迹。单击"动画"选项卡"动画"面板中的"运动轨迹"按钮，弹出"运动轨迹"对话框，选择如图10-57所示的点创建运动轨迹。

（13）单击"动画管理"管理器中的"播放"按钮▶，进行动画播放。

（14）创建曲线。在"动画管理"管理器中右击"追踪结果1"，在弹出的快捷菜单中选择"创建曲线"命令，然后单击DA工具栏中的"退出"按钮，退出动画界面。

（15）隐藏装配体。在"装配管理"管理器中，选中所有组件，右击，在弹出的快捷菜单中选择"隐藏"命令。

（16）查看曲线。在"历史管理"管理器中查看轨迹曲线，如图10-58所示。

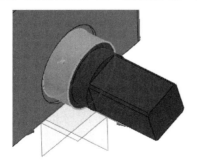

图10-57　选择点

图10-58　轨迹曲线

项 目 实 战

实战　创建齿轮泵爆炸视图和动画

本实战的内容为创建齿轮泵的爆炸视图、3D BOM 及动画运动仿真，齿轮泵如图10-59所示。

【操作步骤】

（1）打开"齿轮泵装配"源文件。

（2）新建爆炸视图。单击"装配"选项卡"爆炸视图"面板中的"爆炸视图"按钮 ，弹出"爆炸视图"对话框，配置选择默认，爆炸视图选择新建，名称为"齿轮泵爆炸视图1"，单击"确定"按钮 ，弹出"爆炸视图"选项卡。

（3）创建自动爆炸视图。单击"爆炸视图"选项卡"爆炸视图"面板中的"自动爆炸"按钮 ，弹出"自动爆炸"对话框，框选所有实体，设置爆炸方向为-Z轴，设置距离为20 mm，勾选"爆炸子装配零件"复选框，如图10-60所示。单击"确定"按钮 ，生成自动爆炸视图，如图10-61所示。

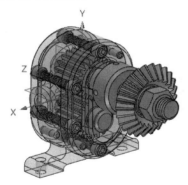

图10-59　齿轮泵

图10-60　"自动爆炸"对话框

（4）创建爆炸视频。单击"爆炸视图"选项卡"爆炸视图"面板中的"爆炸视频"按钮 ，弹出"爆炸视频"对话框，选择"齿轮泵爆炸视图1"为要保存的爆炸视图，勾选"保存爆炸过程"复选框和"保存折叠过程"复选框，单击"确定"按钮 ，弹出"选择文件"对话框，设置保存路径，保存名称为"齿轮泵装配爆炸图"，单击"保存"按钮，进行视频保存，保存完成后，弹出"ZW3D"对话框，如图10-62所示。单击"确认"按钮，视频保存完成。此时，在"爆炸步骤"管理器中显示爆炸视图及步骤，如图10-63所示。

图10-61　自动爆炸视图

图10-62　"ZW3D"对话框

（5）单击 DA 工具栏中的"退出"按钮 ，退出爆炸视图界面，保存的视频会在保存目录下，如图 10-64 所示。双击该视频即可进行播放。

图10-63 "爆炸步骤"管理器

图10-64 保存的视频

（6）创建 3D BOM 物料清单。单击"装配"选项卡"查询"面板中的"3D BOM"按钮，弹出"3D BOM"对话框，如图 10-65 所示。单击"设置"按钮，勾选"预设属性列表"复选框和"导出 Excel 模板"复选框。

图10-65 "3D BOM"对话框

（7）隐藏列。选中编号列，右击，在弹出的快捷菜单中选择"隐藏列"命令，如图 10-66 所示。

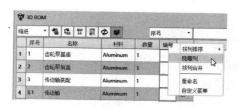

图10-66　"隐藏列"命令

（8）修改螺钉材料。在3D BOM 物料清单中双击序号为11 的"螺钉M6×12"的材料列，弹出"材料"对话框，设置材料名称为"Q235A"，密度为"7850 kg/m^3"，实体选择"齿轮泵装配.Z3ASM"，如图10-67 所示。单击"确认"按钮，结果如图10-68 所示。

图10-67　"材料"对话框

图10-68　修改材料结果

（9）修改其他螺钉材料。在3D BOM 物料清单中选中剩余的螺钉，右击，在弹出的快捷菜单中选择"继承属性"命令，如图10-69 所示。弹出"继承属性"对话框，如图10-70 所示。在3D BOM 物料清单中单击序号为11 的螺钉，此时，选中的所有螺钉都继承了序号为11 的螺钉的材料，如图10-71 所示。

图10-69　选择"继承属性"命令

图10-70　"继承属性"对话框

（10）采用同样的方法，修改其他组件材料，具体如下所述。

齿轮泵基座、齿轮泵前盖和齿轮泵后盖的材料为HT200，密度为7210 kg/m^3。

压紧螺母、销的材料为35 钢，密度为7850 kg/m^3。

圆柱齿轮1、圆柱齿轮2、传动轴、支撑轴、平键1 和平键2 的材料为45 钢，密度为7850 kg/m^3。

螺母M14 的材料为Q235A，密度为7850 kg/m³。

垫片的材料为聚四氟乙烯，密度为2200 kg/m³。

传动轴装配和支撑轴装配没有材料。

修改材料结果如图10-72 所示。

（11）孤立显示组件。在"装配管理"管理器中选择齿轮泵前盖、齿轮泵基座、传动轴装配和支撑轴装配，右击，在弹出的快捷菜单中选择"孤立显示"命令。

（12）新建动画。单击"装配"选项卡"动画"面板中的"新建动画"按钮，弹出"新建动画"对话框，时间设置为"1:00"，设置名称为"动画1"，如图10-73 所示。

17	11	螺钉M6X12	Q235A	3	Yes
18	12	螺钉M6X12_1_镜像	Q235A	1	Yes
19	13	螺钉M6X12_2_镜像	Q235A	1	Yes
20	14	螺钉M6X12_1_镜像_3	Q235A	1	Yes
21	15	螺钉M6X12_1_镜像_3	Q235A	1	Yes
22	16	销_1_镜像_1	Aluminum	1	Yes
23	17	螺钉M6X12_2_镜像_3	Q235A	1	Yes
24	18	螺钉M6X12_2_镜像_4	Q235A	1	Yes
25	19	销_2_镜像_1	Aluminum	1	Yes
26	20	螺钉M6X12_1_镜像_4	Q235A	1	Yes
27	21	螺钉M6X12_3_镜像_3	Q235A	1	Yes
28	22	螺钉M6X12_3_镜像_4	Q235A	1	Yes

图10-71　继承材料

3D BOM

缩进	序号	名称	材料	数量	可视
	1	齿轮泵基座	HT200	1	Yes
	2	齿轮泵前盖	HT200	1	Yes
	3	传动轴装配		1	
	3.1	传动轴	45钢	1	
	3.2	平键1	45钢	1	
	3.3	平键2	45钢	1	
	3.4	圆柱齿轮1	45钢	1	
	4	齿轮泵后盖	HT200	1	
	5	支撑轴装配		1	
	5.1	支撑轴	45钢	1	
	5.2	圆柱齿轮2	45钢	1	
	6	压紧螺母	35钢	1	
	7	圆柱齿轮	45钢	1	
	8	垫片	聚四氟乙烯		

15	9	螺母M14	Q235A	1	Yes
16	10	销	35钢	2	Yes
17	11	螺钉M6X12	Q235A	3	Yes
18	12	螺钉M6X12_1_镜像	Q235A	1	Yes
19	13	螺钉M6X12_2_镜像	Q235A	1	Yes
20	14	螺钉M6X12_1_镜像_3	Q235A	1	Yes
21	15	螺钉M6X12_1_镜像_3	Q235A	1	Yes
22	16	销_1_镜像_1	35钢	1	Yes
23	17	螺钉M6X12_2_镜像_3	Q235A	1	Yes
24	18	螺钉M6X12_2_镜像_4	Q235A	1	Yes
25	19	销_2_镜像_1	35钢	1	Yes
26	20	螺钉M6X12_1_镜像_4	Q235A	1	Yes
27	21	螺钉M6X12_3_镜像_3	Q235A	1	Yes
28	22	螺钉M6X12_3_镜像_4	Q235A	1	Yes

图10-72　修改材料结果

（13）添加马达。单击"动画"选项卡"动画"面板中的"添加马达"按钮，弹出"添加马达"对话框，选择"旋转马达"，组件选择螺杆，方向为Z轴方向，设置速度为50 rpm，开始时间为"0:00"，结束时间为"1:00"，如图10-74 所示。单击"确定"按钮。

图10-73　"新建动画"对话框

图10-74　添加马达1

（14）录制动画。单击"动画"选项卡"动画"面板中的"录制动画"按钮，弹出"保存文件"对话框，设置保存路径和名称"齿轮泵运动仿真"，单击"保存"按钮，在"录制动画"对话框中勾选"从头开始录制"复选框，然后单击"确定"按钮，开始录制动画。

项目十一　工程图绘制

工程图在产品的整个生命周期中都发挥着至关重要的作用，它以图纸的形式详细描述了产品的设计、制造和装配要求。对于已经投入使用的产品，工程图可以帮助维护人员了解产品的结构和组件，从而进行有效的维护和修理。

任务1　新建工程图

任务引入

三维立体图创建完成后，若要将该套设备投入生产，小明需要将立体图转化为二维工程图，那么他该如何创建工程图呢？

知识准备

工程图包含一个或多个由零件或装配体生成的视图。在生成工程图前，必须先保存与它有关的零件或装配体的三维模型。

一、新建工程图

工程图的创建途径有两种。

一种是由零件/装配体创建工程图。此时，零件/装配体与工程图相关联。

在一个打开的零件/装配体文件中单击 DA 工具栏中的"2D 工程图"按钮 ，如图 11-1 所示；或在绘图区空白处右击，在弹出的快捷菜单中选择"2D 工程图"命令，如图 11-2 所示。

图11-1　在 DA 工具栏中选择命令　　　　　　**图11-2　菜单命令**

执行"2D 工程图"命令，弹出"选择模板"对话框，如图 11-3 所示。选择一个模板来创建新的 2D 工程图，同时弹出"标准"对话框，如图 11-4 所示。在图纸区域插入视图即可创建该零件/装配体的工程图。

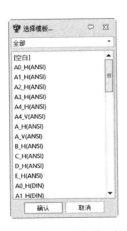

图11-3　"选择模板"对话框

图11-4　"标准"对话框

另一种是创建独立的工程图。

单击快速访问工具栏中的"新建"按钮 □，或者选择菜单栏中的"文件"→"新建"命令，弹出"新建文件"对话框。类型选择"工程图"，子类型选择"标准"，单击"确认"按钮，进入工程图界面，如图 11-5 所示。

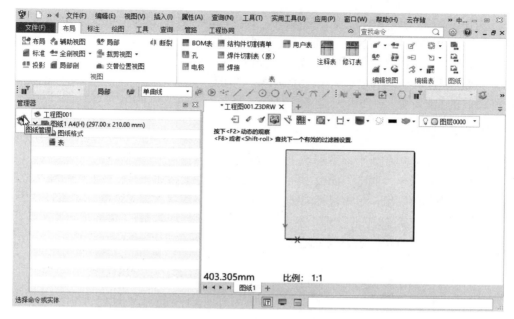

图11-5　工程图界面

二、图纸属性

"图纸属性"命令用于设置所选图纸的基础属性，如图纸名、缩放、纸张颜色、起始标签及关联模型。

单击"布局"选项卡"图纸"面板中的"属性"按钮，在"工程管理"管理器中选择要进行属性设置的图纸，单击鼠标中键，弹出"图纸属性"对话框，如图11-6所示。对话框中各项的含义如下所述。

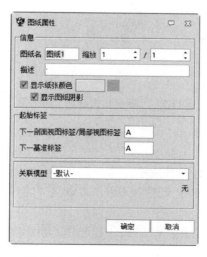

图11-6　"图纸属性"对话框

（1）信息：设置图纸的基本信息。包括设置图纸名称及图纸的缩放比例、图纸是否使用背景色及阴影等。也可以为图纸添加具体的描述。

需要注意的是，缩放后的视图标注不会发生改变，但对应标注的线性缩放因子属性会发生改变。例如，如果工程图的缩放比例为0.5，则标注的线性缩放因子会设置为2.0以进行补偿。该设置对于其他情况的视图和在工程图下创建的几何体都是无效的。

（2）起始标签：指定视图或基准标注的起始标签。中望 3D 2024 会自动递增该标签值。

（3）关联模型：选择关联到不同的3D 对象。当图纸里有来自不同的3D 对象的视图时，可以选择关联的3D 对象。

三、图纸格式属性

"图纸格式属性"命令用于设置所选图纸的格式。

单击"布局"选项卡"图纸"面板中的"图纸格式属性"按钮，在"工程管理"管理器中选择要进行格式设置的图纸，单击鼠标中键，弹出"图纸格式属性"对话框，如图11-7所示。

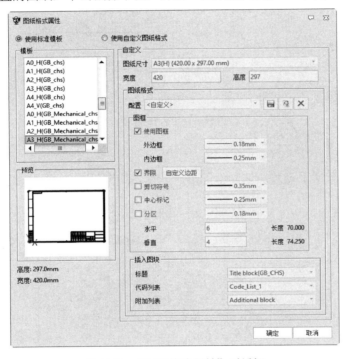

图11-7 "图纸格式属性"对话框

（1）使用标准模板：选择该项，可在模板下拉列表中选择符合要求的模板。

（2）使用自定义图纸格式：选择该项，可由用户自定义图纸格式，如图11-8所示。

①图纸尺寸：图纸尺寸也有两种选择方式。第一种是在纸张大小列表中选择所需图纸大小，如图11-9所示；第二种是自定义图纸大小，需设置"宽度"和"高度"的值，对话框如图11-10所示。

②配置：选择无配置或自定义图纸格式。若选择"自定义"，则需设置"图框"和"插入图块"的参数。

● 使用图框：勾选该复选框，激活图框部分的其他选项。只有配置选择为自定义时，该选项才可用。

● 外边框：设置外边框线宽度。

● 内边框：设置内边框线宽度。

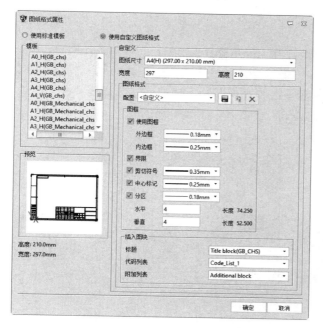

图11-8 使用自定义图纸格式

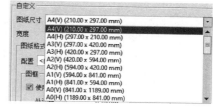

图11-9 纸张大小列表

● 界限/中心标记/剪切符号：勾选该复选框，在图纸边框上显示图纸范围、中心标记和剪切符号等信息。

● 自定义边距：设置图纸的边距。单击该按钮，弹出"自定义边距"对话框，如图11-11所示。设置图纸的顶、底、左、右边距。只有"图纸尺寸"设置为自定义时，该选项才可用。

● 分区：勾选该复选框，将图纸边框在水平和垂直方向等分。需设置"水平"和"垂直"的参数值。

● 插入图块：指定图纸的标题、代码列表和附加列表。

图11-10 自定义图纸大小

图11-11 "自定义边距"对话框

四、批量修改图纸格式属性

"批量修改图纸格式属性"功能用于批量修改工程图模板。

单击"布局"选项卡"图纸"面板中的"批量修改图纸格式属性"按钮▤，弹出"批量修改图纸格式属性"对话框，如图11-12所示。在"替换图纸"选项卡中选择要替换的图纸，然后在"图纸格式"选项卡中设置要替换的格式。

(a)"替换图纸"选项卡　　　　　　　　(b)"图纸格式"选项卡

图11-12　"批量修改图纸格式属性"对话框

任务2　绘制视图

任务引入

进入工程图界面之后，小明该如何对视图进行布局，并绘制和编辑各个视图呢？

知识准备

为了帮助用户更加清楚地理解装配体内部的细节及装配过程，在中望3D 2024装配选项卡中的"爆炸视图"命令可以在一个独立的工作区域中去创建爆炸视图。

使用该命令为每个配置做不同的爆炸视图。该命令提供一个过程列表来记录每个爆炸步骤，每个爆炸步骤都可以通过右击弹出菜单选项来重新定义或删除。用户也可以通过拖曳方式来调整爆炸步骤。

单击"装配"选项卡"爆炸视图"面板中的"爆炸视图"按钮 🧨，弹出"爆炸视图"对话框，如图11-13所示。该对话框用于选择要爆炸的装配体的配置和新建的爆炸视图的名称；若选择已有视图，则自动炸开该爆炸视图。设置完成后，单击"确定"按钮 ✔，进入爆炸视图界面，弹出"爆炸视图"选项卡，如图11-14所示。

图 11-13 "爆炸视图"对话框

图 11-14 "爆炸视图"选项卡

在中望3D 2024中一共有两种创建爆炸视图的方式。

一种是单击"爆炸视图"选项卡中的"添加爆炸步骤"按钮 🧨，手动为爆炸视图创建步骤。为了获得更加精确和清晰的爆炸视图，建议使用添加步骤来手动创建。

另一种是使用自动爆炸添加按钮来自动创建爆炸视图步骤。

在中望3D 2024工程图模块中，用户可以通过多种创建视图的方法来满足不同的设计需求。这些方法包括布局视图、标准视图、投影视图、辅助视图、对齐剖视图、全剖视图、3D命名剖视图、弯曲剖视图、轴测剖视图、局部剖视图、局部放大图、裁剪视图、交替位置视图和断裂视图等。这些视图创建方法不仅丰富了设计手段，也提高了设计的灵活性和效率。

下面分别对各种视图进行详细的介绍。

一、布局视图

在中望3D 2024中，可以创建一个3D零件的1~7个布局视图。

单击"布局"选项卡"视图"面板中的"布局"按钮 🗺，弹出"布局"对话框，如图11-15所示。对话框中各项的含义如下所述。

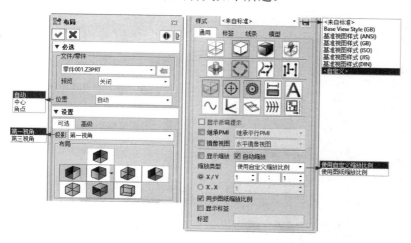

图 11-15 "布局"对话框

（1）文件/零件：下拉菜单列表包含当前激活进程打开的中望 3D 2024 文件。默认选择激活文件。可从列表中选择另一个文件，或者单击"打开"按钮 ，弹出"打开"对话框，选择要打开的文件。

（2）位置：指定视图的位置。

①自动：自动定义视图位置。

②中心：指定中心点定义视图位置。

③角点：指定两点定义视图位置。

（3）"可选"选项卡：包含 3 个选项。

①投影：指定创建视图布局时使用的投影角度。可以选择第一视角或第三视角。

②布局：选择不同的投影角度会启用不同的视图布局；可以从下拉列表中选择不同的基准视图，除轴测视图和正二测视图外，其他视图都是基于基准视图的投影视图。单击各视图图标，可选择/取消该视图的显示。

③样式：选择一个配置好的样式。对话框中的所有视图属性都会显示为该样式设置好的默认值。中望 3D 2024 提供了 5 种默认工程图视图样式。

（4）"通用"选项卡：该选项卡中提供了多个图标供用户选择，用于设置工程图的显示样式。

（5）"标签"选项卡：单击"标签"按钮，打开"标签"选项卡，如图 11-16 所示。该选项卡用于设置标签的显示方式、对齐方式、标签的位置和文字属性。

（6）"线条"选项卡：单击"线条"按钮，打开"线条"选项卡，如图 11-17 所示，该选项卡用于选择不同的线条设置方式和属性。

（7）"模型"选项卡：该选项卡显示了与当前视图相关的零件/装配体的装配组件树，如图 11-18 所示。

图11-16　"标签"选项卡

图11-17　"线条"选项卡

图11-18　"模型"选项卡

布局视图示例如图 11-19 所示。

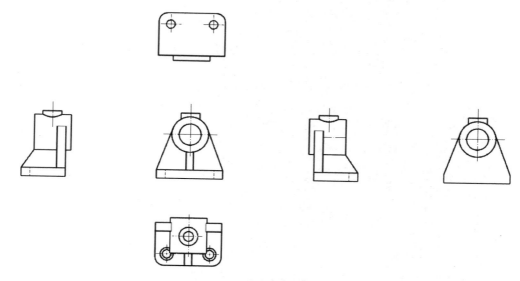

图 11-19　布局视图示例

二、标准视图

在中望 3D 2024 中可以创建 3D 零件的标准视图。

单击"布局"选项卡"视图"面板中的"标准"按钮，弹出"标准"对话框，如图 11-20 所示。对话框中部分项的含义如下所述。

（1）视图：从下拉列表中选择一个视图。

（2）定向视图工具：通过该选项可以灵活定位视图投影方向。单击该按钮，弹出"定向视图工具"对话框，如图 11-21 所示。对话框中提供了"沿方向"和"动态定向"两种方式。

①沿方向：选择该方式，需设置方向1/方向2 参数。选择 $X/Y/Z$ 方向的向量作为视图投影方向，可向上或向右。当向量向上时，表示平行于屏幕平面，并指向屏幕上侧的方向；当向量向右时，表示平行于屏幕平面，并指向屏幕右侧的方向。

②动态定向：记录某一时刻小窗口中的 3D 模型姿态，确定视图投影方向。

标准视图示例如图 11-22 所示。

三、投影视图

在中望 3D 2024 中可创建由一个现有三维布局视图投影的视图。

单击"布局"选项卡"视图"面板中的"投影"按钮，弹出"投影"对话框，如图 11-23 所示。对话框中部分项的含义如下所述。

（1）基准视图：选择要投影的 3D 布局视图。

（2）位置：选择视图的位置。移动鼠标指针至顶部、底部、左边或右边，将创建该方向上的一个投影视图。

（3）投影：创建视图时，设定使用的投影类型。支持第一视角投影与第三视角投影。

（4）标注类型：指定创建剖面视图所标注的类型为真实标注还是投影标注。真实标注由其标注的真实3D对象确定，投影标注是常见的2D标注，仅使用投影后生成的2D对象来确定尺寸。

图 11-20　"标准"对话框

图 11-21　"定向视图工具"对话框

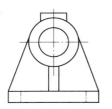

图 11-22　标准视图示例

图 11-23　"投影"对话框

（5）箭头偏移：设置投影箭头与基准视图的偏移距离。

（6）"箭头"选项卡：单击"箭头"按钮，打开"箭头"选项卡，如图11-24 所示。

①显示视图箭头：勾选该复选框，显示视图箭头，并设置箭头属性。

②箭头格式：可选择3 种箭头格式。

③第一箭头/第二箭头：可从下拉列表中选择箭头的类型。可分别设置箭头引线的长度和箭头头部的大小。

④两个箭头使用同一样式：勾选该复选框，第二箭头与第一箭头保持相同样式。

⑤颜色、线型、线宽：设置箭头的颜色、线型和线宽。

⑥图层：将箭头指定给一个图层。选择"-随视图-"选项，则该箭头在视图所在图层上。

投影视图示例如图11-25 所示。

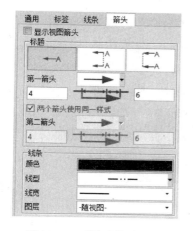

图11-24　　"箭头"选项卡

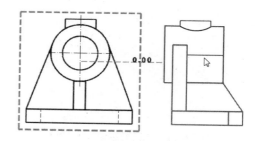

图11-25　投影视图示例

四、辅助视图

使用"辅助视图"命令，创建一个辅助视图，即从另一布局视图的一条边垂直投影得到的视图。

单击"布局"选项卡"视图"面板中的"辅助视图"按钮，弹出"辅助视图"对话框，如图11-26 所示。对话框中部分项的含义如下所述。

（1）基准视图：选择要投影的3D 布局视图。

（2）直线：选择定义辅助平面视图的直线。

（3）位置：选择视图位置的点。

辅助视图示例如图11-27 所示。

需要注意的是：辅助视图的位置与辅助平面视图垂直。如果没有空间放置辅助视图，可在任何位置放置辅助视图，即使放置在图纸外部也可以，确定位置后，双击该视图，可将其移动到更合适的位置。

图11-26 "辅助视图"对话框

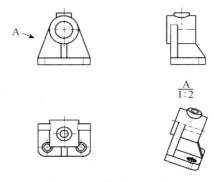

图11-27 辅助视图示例

五、全剖视图

"全剖视图"命令是为一个视图创建不同的剖面视图。

单击"布局"选项卡"视图"面板中的"全剖视图"按钮，弹出"全剖视图"对话框，如图11-28所示。对话框中部分项的含义如下所述。

（1）点：选择剖面的点，定义剖面的位置。

（2）位置：选择剖视图的放置位置。

（3）方式：选择显示方式。有剖面曲线、修剪零件和剪裁曲面3种方式。

（4）闭合开放轮廓：如果在生成的剖面中存在开放轮廓，勾选此复选框后可自动闭合它们。

（5）自动调整填充间隔和角度：勾选该复选框后，基于剖面曲线计算出的剖面填充间隔和角度将用于创建填充；如果不勾选，将使用填充属性对话框中输入的值。

（6）继承基准视图的剖切：勾选该复选框，则剖面视图将继承基础视图的所有剖切效果，即剖切会在当前基础视图的样子上做剖切，类似于在一个剖面视图上继续做剖面视图。如不勾选，则把基础视图还原为没有任何剖切效果的零件，再做剖切。

（7）位置：使用该选项决定剖面视图相对于基准视图的位置。

（8）剖面深度：设置剖面深度的值后，可以将模型在此距离之外的结构裁剪掉，从而在最终生成的剖切视图中仅显示模型的部分内容，以达到精简视图的目的。

（9）放置角度：使用该选项基于工程图对视图进行旋转。

（10）视图标签：输入一个视图标签（例如，"A"即为"剖面A-A"）。默认提供软件生成的下一个有效标签。

（11）反转箭头：勾选此复选框反转剖面箭头（如剖视方向）。

（12）显示阶梯线：如果阶梯线在定义点之间，勾选该复选框，可显示阶梯线。

（13）组件剖切状态来源于零件：勾选该复选框，则组件的剖切状态来源于它本身的零件属性设置。

（14）组件填充状态来源于零件：勾选该复选框，则组件的填充线显示来源于它本身的零件属性设置。

（15）填充颜色来源于零件：勾选该复选框，则组件的填充线颜色来源于它本身的零件颜色。

全剖视图示例如图11-29所示。

图11-28　"全剖视图"对话框

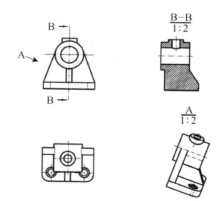

图11-29　全剖视图示例

在需要反映零件的内部结构时，往往会用到剖面视图。这里需要注意的是，对于实心零件一般不进行纵向（与零件轴线平行的方向）全剖或半剖，即"不剖"，但进行横向剖切（与零件轴线垂直的方向）。除实心零件外，还有一些零件也是"不剖"的，具体如下所述。

（1）"不剖"的实心零件：实心轴、销、螺栓、螺钉、螺柱、键、阀芯、杆、球、肋板

（加强筋）、轮辐等，但进行横向剖切或局部剖切时不受此限制。

（2）"不剖"的其他零件：除螺栓、螺钉外的紧固件，如螺母、垫圈等一般不进行纵向剖切或横向剖切，但进行局部剖切时不受此限制。

（3）齿轮的轮齿、花键都按"不剖"画，但进行横向剖切或局部剖切时不受此限制。

六、对齐剖视图

"对齐剖视图"命令可以在两个方向创建剖面视图。

单击"布局"选项卡"视图"面板中的"对齐剖视图"按钮📐，弹出"对齐剖视图"对话框，如图11-30所示。对话框中部分项的含义如下所述。

（1）基点：选择剖面的基点。例如，如果要剖视一个孔，基点将是孔的中心。对齐剖面的基点将是两个剖面的相交处。为了便于区分，将第一个基点称为基点1。

（2）基点：该基点用于确定第一个剖面的位置，称为基点2。

（3）对齐点：选择一个定义对齐方向的点。该点与基点一起定义对齐的剖面。

需要注意的是，对齐剖视图的投影是由第一个剖面的位置决定的，所以基点2和对齐点的选择很重要。

对齐剖视图示例如图11-31所示。

图11-30　"对齐剖视图"对话框

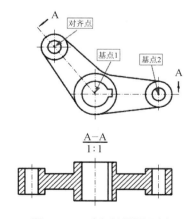

图11-31　对齐剖视图示例

七、3D 命名剖视图

"3D 命名剖视图"命令可以在零件中插入命名剖面，而这些剖面必须由草图创建而成。该命令使用之前必须在 3D 环境中创建剖面草图，该草图由零个或多个 90°弯曲点的线组成。再利用"线框"选项卡"曲线"面板中的"命名剖面曲线"命令创建命名剖面。然后再创建 3D 命名剖视图。3D 命名剖视图命令用于由零个或多个 90°弯曲点的线组成的草图。

单击"布局"选项卡"视图"面板中的"3D 命名剖视图"按钮，弹出"3D 命名剖视图"对话框，如图 11-32 所示。对话框中部分项的含义如下所述。

（1）基准视图：选择要进行剖切的视图。

（2）3D 名称：选择要进行剖切的视图之后，软件自动显示已经创建的命名剖面的名称。单击其后的下拉按钮，可以选择其他已创建的命名剖面的名称。

3D 命名剖视图示例如图 11-33 所示。

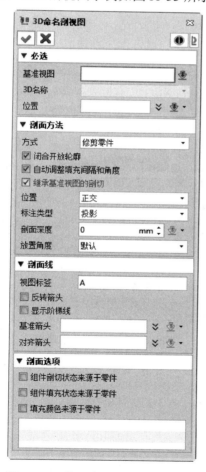

图 11-32　"3D 命名剖视图"对话框

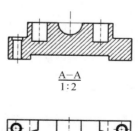

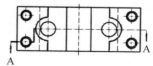

图 11-33　3D 命名剖视图示例

八、弯曲剖视图

"弯曲剖视图"命令用于由弯曲点角度大于90°的线组成的草图。创建弯曲剖视图的操作步骤和选项与创建3D命名剖视图的步骤一样。

单击"布局"选项卡"视图"面板中的"弯曲剖视图"按钮，弹出"弯曲剖视图"对话框，如图11-34所示。

弯曲剖视图示例如图11-35所示。

图11-34　"弯曲剖视图"对话框　　　　　图11-35　弯曲剖视图示例

九、轴测剖视图

轴测剖视图能方便用户了解产品的外形和内部结构。与3D命名剖视图类似，轴测剖视图的剖切线也需要在零件环境中定义。定义剖面线的草图必须是开放的，并且若要使用转角，最好使用90°转角。如非90°，该命令会自动折弯点重新生成90°的折弯线。同样，视图的视角也需要在零件环境下定义。对于要切掉剖切线附近模型的一侧，轴测剖视图会自动切除挡住了剖切平面的那一部分。

单击"布局"选项卡"视图"面板中的"轴测剖视图"按钮 ，弹出"轴测剖视图"对话框，如图11-36所示。轴测剖视图示例如图11-37所示。

图11-36　"轴测剖视图"对话框

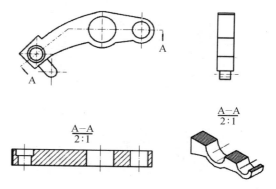

图11-37　轴测剖视图示例

十、局部剖视图

局部剖视图是指零件内部的剖视图，即显示的零件内部的结构。

单击"布局"选项卡"视图"面板中的"局部剖视图"按钮 ，弹出"局部剖视图"对话框，如图11-38所示。对话框中各项的含义如下所述。

（1）边界类型：选择一种边界类型，指定基准视图被剪切的范围。局部剖视图将显示边界的内部情况。边界可以是圆形、矩形或多线段。

（2）基准视图：选择一个要创建局部剖视图的布局视图。

（3）边界：指定定义边界的点。对于圆形边界，选择的两个点分别表示中心和半径；对于矩形边界，选择的两个点分别表示对角线上的两个点；对于多线段边界，可以选择3个或更多点来定义。

（4）深度：选择一个方法来确定剖切的深度，包括点、剖平面和3D命名。

（5）深度点：当深度为点时，选择边上的一个点。剖切面将平行于基准视图并且穿过该点在 3D 中的投影。选择的点可以在基准视图或其他视图上。当深度为剖平面时，在深度视图上选择一个点作为剖切面的基准点。

（6）深度偏移：当深度为点时，输入剖切面从深度点开始偏移的距离。正值表示剖切面朝面向图纸垂直方向移动；负值表示剖切面朝远离图纸的方向移动。

（7）显示阶梯线：勾选该复选框，通过阶梯线来表示局部剖视图中每个阶梯的改变；如果不勾选，则不会在剖视图中显示阶梯线。

（8）自动调整填充间隔和角度：勾选该复选框后，基于剖面曲线计算出的剖面填充间隔和角度将用于创建填充。如果不勾选，将使用填充属性对话框中输入的值。

（9）显示消隐线：勾选该复选框，局部剖视图显示消隐线。

局部剖视图示例如图 11-39 所示。

图 11-38　"局部剖视图"对话框

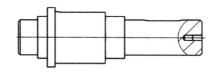

图 11-39　局部剖视图示例

十一、局部放大图

在中望 3D 2024 中，可根据 3D 布局视图创建圆形和矩形局部视图。

单击"布局"选项卡"视图"面板中的"局部"按钮 🛠，弹出"局部"对话框，如图 11-40 所示。对话框中各项的含义如下所述。

（1）边界类型：选择一种边界类型，指定基准视图被放大的范围。局部放大图将显示边界的内部情况。边界可以是圆形、矩形或多线段。

（2）基准视图：选择用来创建局部视图的布局视图。

（3）点：选择圆心点、直径点、对角点或多线段点，来确定局部视图的边界，这取决于以上所选的图标类型。

（4）注释点：选取注释的位置。

（5）倍数：输入局部视图的缩放比例。

（6）位置：选择局部视图的位置。

局部放大图示例如图11-41所示。

图 11-40　"局部"对话框

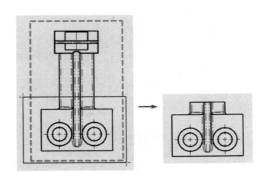

图 11-41　局部放大图示例

十二、裁剪视图

"裁剪视图"命令可以通过已定义的边界来修剪视图，从而生成裁剪视图。

单击"布局"选项卡"视图"面板中的"裁剪视图"按钮🕮，弹出"裁剪视图"对话框，如图11-42所示。对话框中各项的含义如下所述。

（1）边界类型：裁剪边界类型有圆形、矩形和多段线。

（2）视图：选择要裁剪的视图（除局部视图、定义视图、断裂视图外）。

（3）边界：选择边界点。

裁剪视图示例如图11-43所示。

图 11-42　"裁剪视图"对话框

图 11-43　裁剪视图示例

十三、3D 裁剪

3D 裁剪功能对工程图视图进行投影区间的限制，通过改变矩形裁剪框的位置、大小实现对模型任意区间的投影控制。

单击"布局"选项卡"视图"面板中的"3D 裁剪"按钮 ，弹出"3D 裁剪"对话框，如图 11-44 所示。对话框中各项的含义如下所述。

（1）◇：通过平面显示截面。

（2）◈：通过切割面显示截面。

（3）▱：通过线框平面显示截面。

（4）视图：选择要 3D 裁剪的视图（除局部视图、定义视图、断裂视图外）。

（5）参考剖面视图：可选择在零件环境中创建的剖视图。只有与当前所选的显示截面方式相同且与当前所选视图投影面相同的剖视图，才可以被选择。

（6）中心点：可设置 3D 裁剪视图中心点位置。

（7）长度/宽度/高度：可设置剖面视图的长度/宽度/高度参数。

（8）对称："对称"选项适用于截面方式"通过切割面显示截面"和"通过线框平面显示截面"，勾选该复选框，可将参数进行对称设置。

（9）重置：单击重置参数。

3D 裁剪示例如图 11-45 所示。

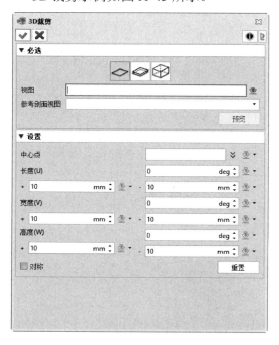

图 11-44　"3D 裁剪"对话框

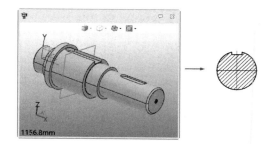

图 11-45　3D 裁剪示例

十四、交替位置视图

交替位置视图是工程图创建中一种常见的视图，用于表示零件或装配体在不同配置时的位置状态。同一个视图中，可以同时显示多个位置状态，方便用户直观地观察零件或装配体状态的变化。

单击"布局"选项卡"视图"面板中的"交替位置视图"按钮，弹出"交替位置视图"对话框，如图 11-46 所示。对话框中各项的含义如下所述。

（1）基准视图：选择要交替位置的三维布局视图。

（2）零件配置：选择零件配置。对于零件或装配体，只能基于现有配置创建交替位置视图，所以用户必须事先创建好配置才能完成视图的创建。

零件配置的创建方法为：单击"工具"选项卡"插入"面板中的"配置表"按钮，弹出"配置表"对话框，单击"新建配置"按钮，弹出"新建配置"对话框，在该对话框中设置配置名称后即可创建新配置。

交替位置视图示例如图 11-47 所示。

图 11-46 "交替位置视图"对话框

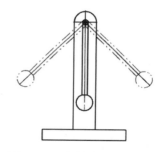

图 11-47 交替位置视图示例

十五、断裂视图

在中望 3D 2024 中可生成零件的断裂视图。断裂视图将作为其附着视图的一个属性存在。所有断裂视图将附属于其父视图，在"图纸管理"管理器中也是列于其父对象节点下。

单击"布局"选项卡"视图"面板中的"断裂"按钮，弹出"断裂"对话框，如图 11-48 所示。对话框中各项的含义如下所述。

（1）：水平断裂视图。

（2）：垂直断裂视图。

（3）：倾斜角断裂视图。

（4）基准视图：选择一个要断裂的基准视图。

（5）点：需要选择 3 个点。第 1 个点和第 2 个点定义起始线的位置，第 3 个点定义平行偏移线的位置。

（6）间隙尺寸：设置打断线之间的距离。

（7）样式：选择一个配置好的样式。对话框中的所有视图属性都会显示为该样式设置好的默认值。中望 3D 2024 提供了 5 种默认的工程图视图样式。

（8）打断线样式：选择打断线的类型：直线、单折线、双折线或曲线。

（9）颜色、线型、线宽、图层：设置线条属性。可设置线条颜色、线型和线宽，并给线条指定一个图层。

断裂视图示例如图 11-49 所示。

图 11-48　"断裂"对话框

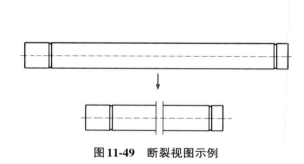

图 11-49　断裂视图示例

任务 3　编辑视图

任务引入

在小明绘制完成各视图后，发现图纸和某些视图的细节部分不符合国标要求，那么，他该如何进行修改呢？

知识准备

工程图建立后，可对视图进行一些必要的编辑。编辑工程视图的操作包括：修改视图属性、修改视图标签、缩放/旋转/移动视图、对齐视图、更改零件/组件配置及编辑剖面线等。

一、视图属性

在创建视图之后，可以通过不同方式修改视图属性。

单击"布局"选项卡"编辑视图"面板中的"视图属性"按钮，选择要修改的视图，单击鼠标中键确认，弹出"视图属性"对话框，或者双击要修改的视图，弹出"视图属性"

对话框，如图 11-50 所示。对话框中包含"通用""标签""线条""文字""组件"5 个选项卡，其中"通用""标签""线条"选项卡在"布局视图"部分已经进行了详细的介绍，此处仅对"文字"和"组件"选项卡进行介绍。

（1）"文字"选项卡："文字"选项卡如图 11-51 所示。该选项卡用于修改标签的字体、颜色、文本对齐样式和文字形状参数。

图 11-50　"视图属性"对话框

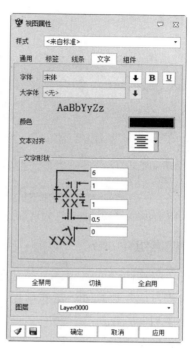

图 11-51　"文字"选项卡

（2）"组件"选项卡："组件"选项卡如图 11-52 所示。该选项卡与"布局视图"部分"模型"选项卡的功能类似，这里不再赘述。

利用"视图属性"命令修改标签位置的示例如图 11-53 所示。

图 11-52　"组件"选项卡

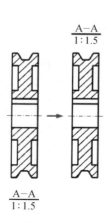

图 11-53　利用"视图属性"命令修改标签位置

二、修改视图标签

"视图标签"命令用于修改布局视图的标签文本。使用该命令，可将某个标签添加到创建时不具备视图标签的视图。选择要修改的布局视图，然后输入新的标签。

单击"布局"选项卡"编辑视图"面板中的"视图标签"按钮🖢，弹出"视图标签"对话框，如图11-54所示。修改视图标签示例如图11-55所示。

图11-54　"视图标签"对话框

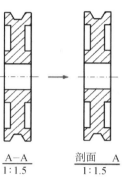

图11-55　修改视图标签示例

三、隐藏组件

使用"隐藏组件"命令，可隐藏属于某一特定组件的实体。

单击"布局"选项卡"编辑视图"面板中的"隐藏组件"按钮🔩，弹出"隐藏组件"对话框，如图11-56所示。

图11-56　"隐藏组件"对话框

四、替换视图

可用"替换"命令替换与某一布局视图有关的零件。然后，新零件就会在该视图显示出来。先选择要修改的布局视图，再指定新零件。可从激活文件的默认零件列表中选择，或者单击"打开"按钮🖼，选择其他中望3D 2024文件。

仅能将该命令用于基准视图（如顶视图、底视图等），不能用于带有参考视图的视图（如剖面视图、局部视图、投影视图、辅助视图）。

单击"布局"选项卡"编辑视图"面板中的"替换"按钮🖳，弹出"替换"对话框，如图11-57所示。

替换视图示例如图11-58所示。

图11-57　"替换"对话框

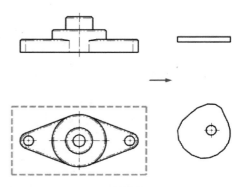

图11-58　替换视图示例

五、编辑剖面线

如果通过"全剖视图"命令创建剖面视图，则在创建视图后可以编辑剖面线。

在工程图中双击剖面线，系统弹出"填充属性"对话框，如图11-59所示。在该对话框中可以更改剖面线图案和属性以及放置图层等。编辑剖面线示例如图11-60所示。

图11-59　"填充属性"对话框

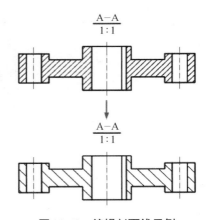

图11-60　编辑剖面线示例

六、移动视图

默认情况下，不是每个视图都可以被拖动到用户想要的位置。比如，投影视图和剖面视图仅能沿着投影方向移动。因此，如果要将它们移动到任意位置，需按以下步骤进行操作。

（1）右击视图，在弹出的快捷菜单中取消勾选如图11-61所示的"对齐"命令。需注意对齐控制视图投影和基准视图之间的关联。

（2）拖放视图到任意位置。

（3）如果想要重新获得原始关联，勾选"对齐"命令即可。

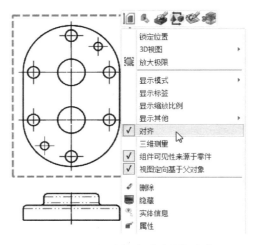

图11-61 取消勾选"对齐"命令

项 目 实 战

实战 齿轮泵后盖工程图

本实战的内容为创建如图11-62所示的齿轮泵后盖的工程图。

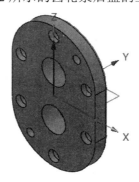

图11-62 齿轮泵后盖

【操作步骤】

（1）打开文件。打开"齿轮泵后盖"源文件，如图11-63所示。

（2）新建工程图。单击DA工具栏中的"2D工程图"按钮，弹出"选择模板"对话框，选择"A1_H（GB_chs）"模板，如图11-64所示。单击"确认"按钮，进入工程图界面。

（3）创建标准视图。弹出"标准"对话框，视图选择前视图，取消"显示消隐线"和"显示螺纹"选项的选择，设置缩放比例为2:1，在图纸适当位置放置使其作为主视图。

（4）创建投影视图。弹出"投影"对话框，在适当位置放置俯视图，创建投影视图的结果如图11-65所示。

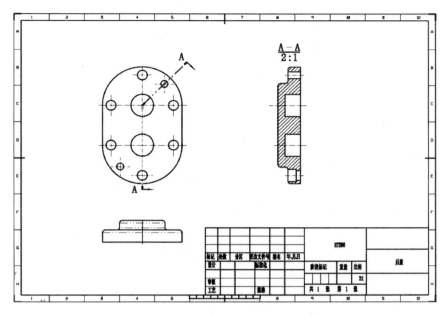

图 11-63　齿轮泵后盖工程图

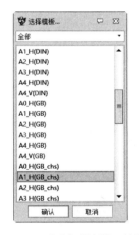

图 11-64　"选择模板"对话框

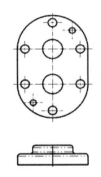

图 11-65　创建投影视图

（5）修改图纸颜色。在"图纸管理"管理器中右击"图纸 1"名称，在弹出的快捷菜单中选择"属性"命令，如图 11-66 所示。弹出"图纸属性"对话框，单击"显示纸张颜色"后的按钮▇▇▇，弹出"标准"对话框，如图 11-67 所示。将图纸颜色设置为白色，如图 11-68 所示。单击"确定"按钮，图纸颜色设置完成。

（6）关闭图纸栅格。单击 DA 工具栏中的"栅格关"按钮▦，关闭图纸栅格显示。

（7）创建对齐剖视图。单击"布局"选项卡"视图"面板中的"对齐剖视图"按钮▦，弹出"对齐剖视图"对话框，选择主视图作为基准视图，然后依次选择如图 11-69 所示的第一个基准点、第二个基准点，单击鼠标中键；再选择对齐点，单击鼠标中键。向右拖动鼠标，将对齐剖视图放置在适当的位置，如图 11-70 所示。

图11-66 选择"属性"命令

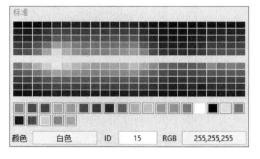

图11-67 "标准"对话框

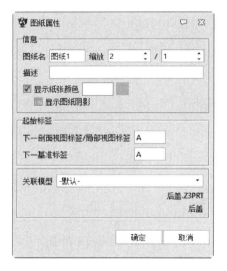

图11-68 "图纸属性"对话框

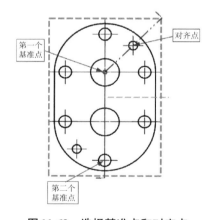

图11-69 选择基准点和对齐点

（8）修改视图属性。双击对齐剖视图，弹出"视图属性"对话框，单击"标签"选项卡，选择"视图上方"单选按钮，如图11-71所示。

（9）修改字体高度。单击"文字"选项卡，将字体高度设置为10mm，如图11-72所示。单击"确定"按钮，关闭对话框。

（10）修改箭头。双击主视图的剖切线，弹出"属性"对话框，选择箭头样式为第三种，将箭头两端长度分别设置为8mm和10mm，如图11-73所示。单击"文字"选项卡，设置字高为10mm，单击"确定"按钮，修改后的工程图如图11-74所示。

（11）修改剖面线。双击对齐剖视图中的剖面线，弹出"填充属性"对话框，将间距设置为3.5mm，如图11-75所示。单击"确定"按钮，结果如图11-76所示。

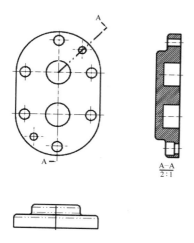

图11-70 创建对齐剖视图

图11-71 "标签"选项卡

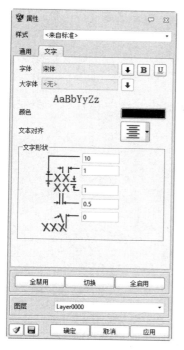

图11-72 设置字体高度

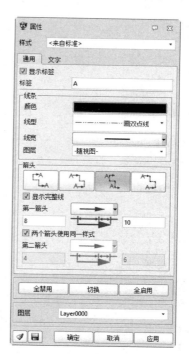

图11-73 修改箭头

（12）修改图纸格式属性。单击"布局"选项卡"图纸"面板中的"图纸格式属性"按钮 ，根据系统提示，在"图纸管理"管理器中选择"图纸1"，弹出"图纸格式属性"对话框，在图纸模板下拉列表中选择"A2_H（GB_chs）"模板，如图11-77所示。

（13）移动视图。按住鼠标左键，拖动视图到适当的位置。

（14）设置图纸材料。切换到"后盖.Z3PRT"窗口，在"历史管理"管理器中右击"后盖"名称，在弹出的快捷菜单中选择"材料"命令，如图11-78所示。弹出"材料"对话框，将材料设置为HT200，密度设置为7850 kg/m³，文件选择"后盖.83PRT"，如图11-79所示。 单击"确定"按钮 ，材料设置完成。

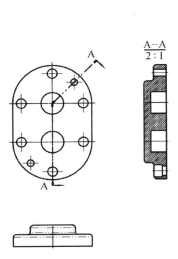

图 11-74　修改后的工程图

图 11-75　"填充属性"对话框

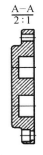

图 11-76　修改剖面线

图 11-77　选择模板

图 11-78　选择"材料"命令

图 11-79　设置材料

　　（15）返回工程图窗口。弹出"ZW3D"对话框，如图 11-80 所示。单击"是"按钮，工程图材料修改完成，修改材料后的标题栏如图 11-81 所示。

　　（16）修改标题栏。在"图纸管理"管理器中右击"标题栏"，在弹出的快捷菜单中选择"编辑"命令，如图 11-82 所示。双击图纸名称，修改字体高度为 10mm，如图 11-83 所示。

使用同样的方法，修改材料字体高度为8mm，修改完成后单击"退出"按钮，工程图绘制完成。

图11-80 "ZW3D"对话框

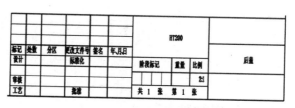

图11-81 修改材料后的标题栏

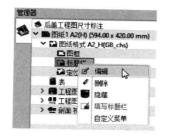

图11-82 选择命令

图11-83 修改字体高度

项目十二　工程图标注

素质目标

- 培养自主学习能力和良好的学习习惯
- 提升专业素养和创新精神，增强责任担当

技能目标

- 设置标注样式
- 尺寸标注
- 形位公差和粗糙度标注
- 标注序号

项目导读

在工程图创建和修改完成后，需要对其进行标注尺寸、基准、形位公差和粗糙度等的标注及对已经创建好的尺寸进行编辑。本项目将对这部分内容进行详细介绍。

任务1　设置标注样式

任务引入

小明设计完成零件后，需要将零件图转换为工程图交由车间进行加工制造。工程图由这些部分组成，又该如何设置呢？

知识准备

工程图的标注样式的设置可以确保工程图的标注样式既符合标准，又清晰易懂，从而保证设计与制造的准确性和高效性。

单击“工具”选项卡“属性”面板中的“标注”按钮，弹出“样式管理器”对话框，如图12-1所示。对话框中各项含义如下所述。

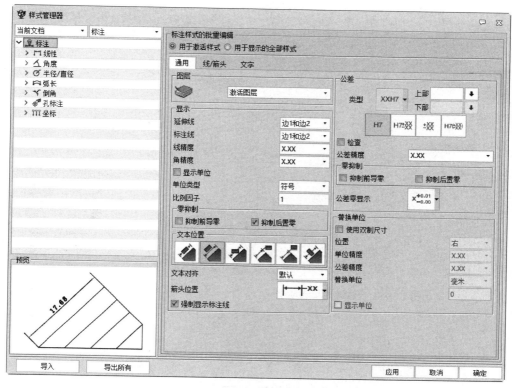

图12-1　"样式管理器"对话框

一、"通用"选项卡

"通用"选项卡包含了大多数标注属性。

（1）"图层"选项组：指定标注放置的图层。选择"激活图层"表示标注总是创建在激活的图层上。

（2）"显示"选项组：设置尺寸线、尺寸界线的相关参数。

（3）"公差"选项组：用于选择标注文本所用的公差类型，设置上部/下部偏差值以及进行公差查询和公差精度设置等。

二、"线/箭头"选项卡

"线/箭头"选项卡用于设置箭头、尺寸线和尺寸界线等参数，如图12-2所示。

（1）第一箭头/第二箭头：从如图12-3所示的下拉菜单中选择箭头的类型，在其后的输入框中指定箭头大小。

（2）两个箭头使用同一样式：勾选该复选框，第二箭头与第一箭头保持一致。

（3）颜色/线型/线宽：设置标注线/延伸线的颜色、直线类型和直线宽度。

（4）文本与引线对齐：当标注文本为多行内容时，指定标注线指向文本的位置。

（5）折弯：当"通用"选项卡中的"文本位置"为"水平折弯" 🔺 或"线上水平折弯" 🔺 类型时，指定标注线的水平延伸线长度。

（6）延伸线：延伸线各参数如图12-4所示。

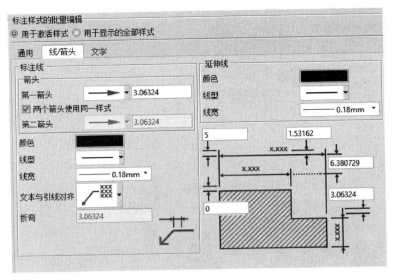

图12-2　"线/箭头"选项卡

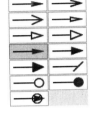

图12-3　箭头类型

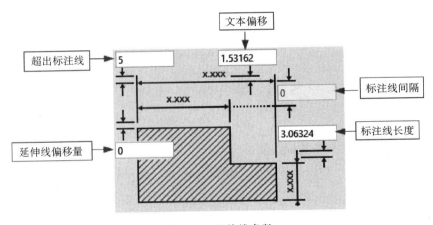

图12-4　延伸线参数

三、"文字"选项卡

"文字"选项卡包含标注文本的附加属性，例如文字高度、文字宽度、文字垂直间距、文字水平间距和字体等，如图12-5所示。

（1）字体：选择"字体选择"按钮⬇，从字体列表中为标注文本选择字体，也可以加粗文本或为文本加下画线。

（2）颜色：指定标注文本的颜色。

（3）文本对齐：指定多行文本的对齐方式为左对齐、居中或右对齐。

（4）**AAXX**：为标注值添加前缀。

（5）**XXAA**：为标注值添加后缀。

（6）"文字形状"选项组：文字形状各参数含义如图12-6所示。

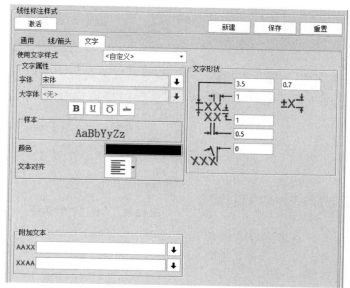

图12-5　"文字"选项卡

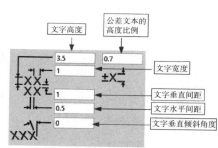

图12-6　文字形状参数

任务2　尺寸标注

任务引入

工程图各个视图绘制并编辑完成后，要想将其作为加工图纸进行加工，必须要进行尺寸标注，小明该如何进行尺寸标注呢？

知识准备

在"标注"选项卡"标注"面板中列出了各种标注命令，如图12-7所示。在项目二中已经对线性、线性偏移、对称、角度、半径/直径命令进行了详细介绍，本节将对其余标注命令和有差异的命令进行讲解。

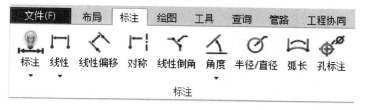

图12-7　"标注"面板

一、标注

在草图和工程图中使用"标注"命令，选择一个实体或选定标注点进行标注。

单击"标注"选项卡"标注"面板中的"标注"按钮 ，弹出"标注"对话框，如图 12-8 所示。对话框中各项的含义如下所述。

（1）点 1/点 2：选择标注的第 1/2 点。

（2）文本插入点：确定标注文本的位置。

（3）标注模式。

①自动 ：选择该项，则会根据选择的实体类型自动确定标注。

②水平 /垂直 /对齐 ：选择该项，则系统只进行水平/垂直/对齐标注。

图 12-8 "标注"对话框

二、自动标注

在草图和工程图中"自动标注"命令可以批量创建标注。

单击"标注"选项卡"标注"面板中的"自动标注"按钮 ，弹出"自动标注"对话框，如图 12-9 所示。对话框中各项的含义如下所述。

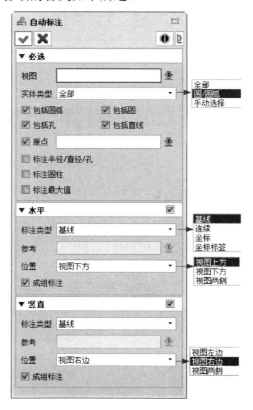

图 12-9 "自动标注"对话框

（1）视图：选择要自动标注的视图。

（2）实体类型：选择要自动标注的实体类型。

（3）原点：选择一个点作为原点。

（4）标注半径/直径/孔：选择自动标注半径/直径/孔。

（5）标注圆柱：标注圆柱非圆投影上的直径尺寸，如图12-10所示。

（6）标注最大值：标注图形尺寸的最大值，如图12-11所示。

（7）水平/竖直标注类型：使用该选项确定生成自动标注类型，包括基线、连续、坐标和坐标标签。

（8）水平/竖直参考：为所选视图实体选择参考点。

（9）水平/竖直位置：选择自动标注放置点相对于视图的位置，包括视图上方、视图下方、视图两侧、视图右边和视图左边。

（10）水平/竖直成组标注：所创建的标注为成组标注。

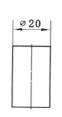

图12-10　标注圆柱

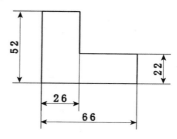

图12-11　标注最大值

三、线性标注

在草图和工程图中可创建线性标注。

单击"标注"选项卡"标注"面板中的"线性"按钮，弹出"线性"对话框，如图12-12所示。该对话框可以在两点之间创建水平、竖直、对齐、旋转和投影标注。

单击"标准属性"选项卡，如图12-13所示。该选项卡中的内容与项目十一中介绍的标注属性的内容大同小异，这里不再赘述。

图12-12　"线性"对话框

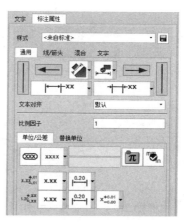

图12-13　"标准属性"选项卡

线性标注操作示例如图12-14所示。

四、连续标注

可在草图和工程图中以前一个尺寸为基准，依次创建连续的尺寸标注。

单击"标注"选项卡"标注"面板中的"连续"按钮 ，弹出"连续"对话框，如图12-15所示。对话框中提供了5种标注模式，下面分别进行介绍。

（1）水平 ：创建一个水平线性连续标注组，如图12-16（a）所示。

（2）垂直 ：创建一个垂直线性连续标注组，如图12-16（b）所示。

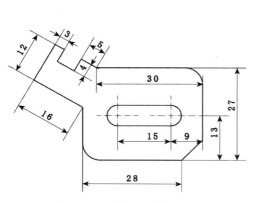

图12-14 线性标注操作示例

图12-15 "连续"对话框

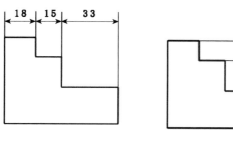

（a）水平

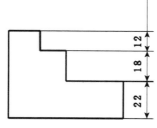

（b）垂直

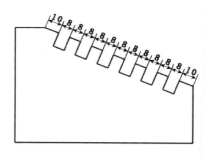

（c）对齐

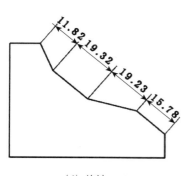

（d）旋转

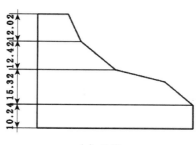

（e）投影

图12-16 连续标注操作示例

（3）对齐 ： 创建一个对齐线性连续标注组，如图 12-16（c）所示。

（4）旋转 ： 创建一个旋转线性连续标注组。需要设置旋转角度。

旋转角度：指定连续标注旋转的角度，如图 12-16（d）所示。

（5）投影 ： 创建一个线性连续标注组，并使之垂直投影于某一直线，如图 12-16（e）所示。

五、基线标注

可在草图和工程图中以创建的第一个尺寸的第一个尺寸界线为基准，依次创建其他线性尺寸。

单击"标注"选项卡"标注"面板中的"基线"按钮 ，弹出"基线"对话框，如图 12-17 所示。水平基线标注操作示例如图 12-18 所示。

图 12-17　"基线"对话框

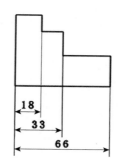

图 12-18　水平基线标注操作示例

六、坐标标注

可在草图和工程图中创建一个坐标标注组。

单击"标注"选项卡"标注"面板中的"坐标"按钮 ，弹出"坐标"对话框，如图 12-19 所示。坐标标注操作示例如图 12-20 所示。

图 12-19　"坐标"对话框

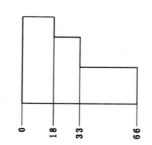

图 12-20　坐标标注操作示例

七、线性倒角标注

为一条直线创建一个倒角标注。选择一条直线，然后拖动以定位标注文本。双击创建的标注可对其进行编辑。

单击"标注"选项卡"标注"面板中的"线性倒角"按钮，弹出"线性倒角"对话框，如图12-21所示。对话框中提供了3种倒角标注的类型，下面分别对其进行介绍。

（1）引线倒角：选择一条直线和标注文本位置点。此时对话框中各项的含义如下所述。

①常规：选择该项，标注的倒角引线与直线可以呈现任意关系，如图12-22（a）所示。

②始终垂直：选择该项，标注的倒角引线与直线垂直，如图12-22（b）所示。

③沿建模线：选择该项，标注的倒角引线与直线重合，如图12-22（c）所示。

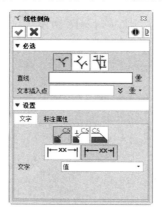

图12-21 "线性倒角"对话框

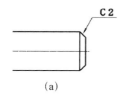
(a)

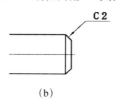
(b)

(c)

图12-22 引线倒角标注操作示例

（2）对齐倒角：选择一条直线和标注文本位置点。选择该项，此时对话框如图12-23所示。对齐倒角标注操作示例如图12-24所示。

图12-23 对齐倒角

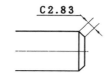

图12-24 对齐倒角标注操作示例

（3）水平/垂直倒角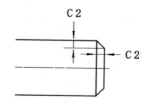：选择一条直线和水平/垂直标注文本的位置点，此时对话框如图 12-25 所示。线性倒角标注操作示例如图 12-26 所示。

图 12-25 水平/垂直倒角

图 12-26 线性倒角标注操作示例

八、角度坐标

使用"角度坐标"命令，先选择一个基准线，可根据基准线，显示出所选标注点角度值。角度坐标标注类似于连续标注。

单击"标注"选项卡"标注"面板中的"角度坐标"按钮，弹出"角度坐标"对话框，如图 12-27 所示。对话框中各项的含义如下所述。

（1）基点：选择一个基点。

（2）角度方向：指定标注角度的方向。

（3）文本插入点：指定标注文本的位置。

（4）连续点：选择一个连续点。角度坐标标注操作示例如图 12-28 所示。

图 12-27 "角度坐标"对话框

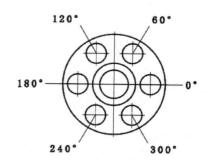

图 12-28 角度坐标标注操作示例

任务3 形位公差和粗糙度标注

任务引入

小明在完成了工程图的尺寸标注后，为了保证加工精度还需要完成对基准特征符号、形位公差和粗糙度的标注，那么，他该如何完成这些内容的标注呢？

知识准备

在工程图中除了要进行尺寸标注外，还需要标注形位公差、基准和粗糙度等，本节将对该部分内容进行详细介绍。

使用"注释"命令，可创建引线注释。在创建指向一个或多个工程图实体的引线文字时，该类标注颇为有用。可选择多个基点，并且多个箭头都是来源于而同一引线文本。

单击"标注"选项卡"注释"面板中的"注释"按钮 📌，弹出"注释"对话框，如图 12-29 所示，对话框中各项的含义如下所述。

（1）位置：指定箭头位置，然后指定标注文字的位置。如果仅指定一个位置，该位置将会是标注文字的位置，并且不会产生引线。在进行工程图注释时使用该选项。

（2）文字：输入标注文字。单击其后的"文字编辑器"按钮，弹出"标注编辑器"对话框，如图 12-30 所示。使用该对话框创建单独的标注文本，将特殊字符和符号插入到标注文本，注释标注操作示例如图 12-31 所示。

（3）引线插入点：选择一个点定位附加引线箭头的位置。在进行零件图注释时使用该选项。

（4）文本插入点：选择一个点定位标注文本。这个点也为标注定义了默认平面，在进行零件图注释时使用该选项。

图 12-29 "注释"对话框

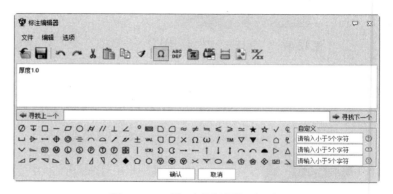

图 12-30 "标注编辑器"对话框

一、标注基准特征

"基准特征"命令用于创建形位公差基准特征符号。

单击"标注"选项卡"注释"面板中的"基准特征"按钮,弹出"基准特征"对话框,如图12-32所示,对话框中各项的含义如下所述。

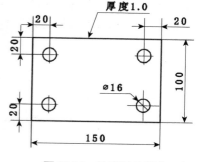

图12-31 注释标注操作示例

(1)基准标签:输入标签文本或单击鼠标中键接受默认值。

(2)实体:选择一个目标实体。

(3)文本插入点:选择一点,用于定位基准特征文本。

(4)"通用"选项卡。

①基准特征符号方向:系统提供了两种基准特征方向,沿线和水平。当显示类型为"圆形"时,才能激活该选项。

②比例因子:设置基准特征符号的比例。

③显示类型:系统提供了2种显示类型正方形和圆形。

正方形:选择该项时,可供选择的定位符号种类有4种,分别为填充三角(60°)、空心三角(60°)、填充三角(90°)和空心三角(90°)。

圆形:选择该项时,可供选择的定位符号种类有3种,分别为始终垂直、始终水平和始终竖直。

④定位符号大小:设置定位符号的大小。

⑤基线偏移:设置定位符号与所选实体的偏移量。选择显示类型为"圆形"时,激活该选项。

基准特征符号标注操作示例如图12-33所示。

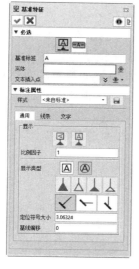

图12-32 "基准特征"对话框

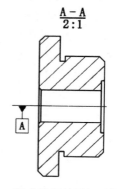

图12-33 基准特征符号标注操作示例

二、形位公差符号

"形位公差"命令可用于创建形位公差符号。

单击"标注"选项卡"注释"面板中的"形位公差"按钮 ，弹出"形位公差符号编辑器"对话框和"形位公差"对话框，分别如图12-34和图12-35所示。

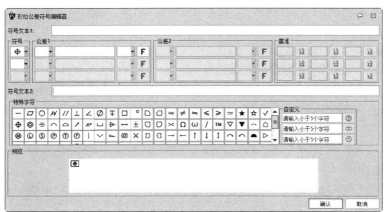

图12-34　　"形位公差符号编辑器"对话框　　　　　　图12-35　　"形位公差"对话框

"形位公差符号编辑器"对话框中各项的含义如下所述。

（1）符号文本1/2：用于设置标注在形位公差框格上方或下方的附加文本，如图12-36所示。

（2）符号：单击下拉按钮，选择形位公差符号，如图12-37所示。

（3）公差1/2：设置公差值1/2。单击下拉按钮，选择公差值附加符号，如图12-38所示。单击其后的"选择并添加公差编辑器"按钮 F，弹出"FCS公差编辑器"对话框，如图12-39所示。

（4）基准：设置位置公差基准及有关附加符号。单击"添加基准编辑器"按钮 ，系统弹出"FCS公差基准编辑器"对话框，如图12-40所示。

6×∅8

图12-36　创建符号文本　　　　　图12-37　形位公差符号　　　　　图12-38　公差值附加符号

图12-39　"FCS公差编辑器"对话框

图12-40　"FCS公差基准编辑器"对话框

"形位公差"对话框中各项的含义如下所述。

（1）FCS文本：通过"文字编辑器"创建形位公差文本。该文字将在此文本框中显示，可对其进行修改。

（2）引线插入点：如果希望将该符号加到一个或多个引线箭头上，选择多个点，用于定位这些箭头。

（3）辅助基准：选一个辅助点定位形位公差符号。

（4）形位公差样式。系统提供了4种形位公差样式，分别为：无折弯、折弯、垂直和水平。

（5）比例因子：设置形位公差整个框格、符号、基准的比例。

（6）角度：设置形位公差框格旋转角度。

（7）合并符号：单击该按钮，可合并/拆分相同的形位公差符号。如图12-41（a）、图12-41（b）所示。

（8）启用第二公差：若要启用第二公差，可在放置形位公差之后，勾选该复选框，并关闭"形位公差"对话框，然后双击创建的形位公差，弹出"修改标注"对话框和"形位公差符号编辑器"对话框，输入第二公差值即可，如图12-42所示。

（9）单元格对齐：勾选该复选框，则将一同创建的同一实体上的形位公差单元格对齐，否则单元格呈现不对齐的情况，如图12-43（a）、图12-43（b）所示。

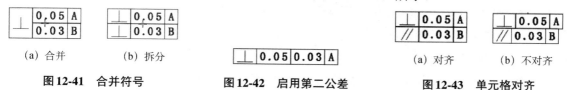

（a）合并　　　　（b）拆分

图12-41　合并符号　　　　**图12-42　启用第二公差**　　　　（a）对齐　　（b）不对齐

图12-43　单元格对齐

三、表面粗糙度

使用"表面粗糙度"命令，可创建表面粗糙度符号，并将其放置到工程图或零件图上。

单击"标注"选项卡"注释"面板中的"表面粗糙度"按钮，弹出"表面粗糙度"对话框，如图12-44所示。对话框中各项的含义如下所述。

（1）参考点：选择符号位置所在点。如果未使用"引线点"时，则符号会与该点相接。当某一"引线点"已定义时，该点即为引线箭头将指向的点。

（2）定向：设置表面粗糙度符号的方位。单击"垂直"按钮和"垂直（反向）"按钮可快速标注0°和180°方位的符号。

（3）引线点：如果选择某一引线点，则会添加一根延伸线，且某一参考点会成为该引线的起点。

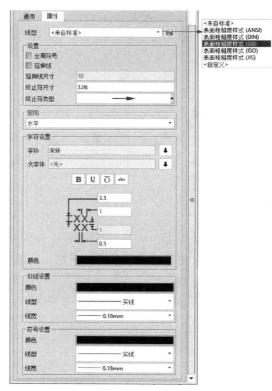

图12-44 "表面粗糙度"对话框

（4）"通用"选项卡。

①符号类型：系统可供选择的符号类型有基本√、去除材料√、不去除材料√、JIS纹理1 ▽、JIS纹理2 ▽▽、JIS纹理3 ▽▽▽、JIS纹理4 ▽▽▽▽和JIS不加工 〜。

②符号布局：表面粗糙度符号布局如图12-45所示。

（5）"属性"选项卡。

①线型：可在其下拉列表中选择线型采用的标准。

②全周符号：勾选该复选框，在表面粗糙度符号上添加全周符号，其示例如图12-46所示。

③延伸线：勾选该复选框，则在绘制引线时，生成一段线段用于放置表面粗糙度符号。

④延伸线尺寸：设置延伸线的长度，其示例如图12-47所示。

⑤终止符尺寸：设置引线终止符（箭头/点/线）的大小。

⑥终止符类型：选择引线终止符。

⑦定向：选择延伸线与引线的方向关系，包括水平和对齐，如图12-48（a）和图12-48（b）所示。

表面粗糙度标注操作示例如图12-49所示。

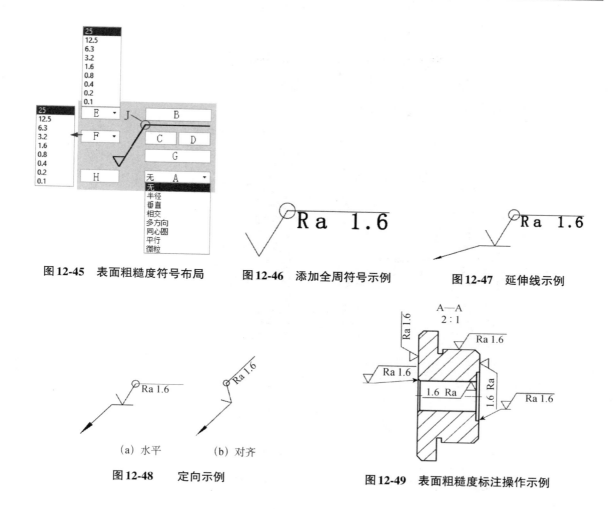

图12-45　表面粗糙度符号布局　　　　　图12-46　添加全周符号示例　　　　　图12-47　延伸线示例

（a）水平　　　　　（b）对齐

图12-48　定向示例　　　　　　　　　图12-49　表面粗糙度标注操作示例

任务4　标注序号

任务引入

在装配工程图绘制完成后，要对各个零件进行序号标注，并创建零件明细表，那么，小明该如何进行序号标注及明细表的创建呢？

知识准备

工程图建立后，可以对视图进行一些必要的编辑。编辑工程视图的操作包括修改视图属性、修改视图标签、缩放/旋转/移动视图、对齐视图、更改零件/组件配置及编辑剖面线等。

一、气泡

使用"气泡"命令，可手动创建气泡注释。此处所说的气泡是在装配工程图中的零件序号。

单击"标注"选项卡"注释"面板中的"气泡"按钮，弹出"气泡"对话框，如图 12-50 所示，对话框中部分选项含义如下。

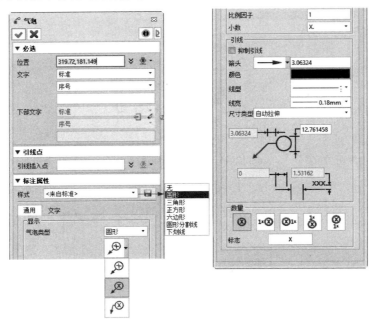

图 12-50　"气泡"对话框

（1）位置：指定箭头位置，然后指定文字的位置。如果仅指定一个位置，该位置将会是标注文字的位置，并且不会产生引线。

（2）文字：选择文字使用的标准，以及气泡序号标准。

（3）下部文字：当气泡类型为"圆形分割线"时，激活该内容。

（4）"通用"选项卡，主要包括以下几种类型。

①气泡类型：在其下拉列表中选择气泡类型。提供了无、圆形、三角形、正方形、六边形、圆形分割线和下画线 7 种类型。

②文字放置位置：在其下拉列表中选择文字放置位置，包括沿线、水平和水平折弯。当选择水平折弯时，需要设置折弯长度。

③比例因子：设置气泡的比例。

④抑制引线：勾选该复选框，则将不显示引线。

⑤尺寸类型：指定气泡的尺寸类型。包括自动缩放、自动拉伸和自定义大小 3 种类型。当尺寸类型为自动拉伸和自定义大小时，需要设置"气泡尺寸"参数。

⑥数量：设置数量的放置位置。

气泡操作示例如图 12-51 所示。

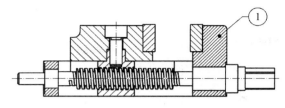

图 12-51　气泡操作示例

二、自动气泡

根据组件的可见性可以在视图中自动生成气泡，并插入到适当的视图中，而不会重复。可以指定气泡是按照装配的顺序或按编号的顺序自动生成。

单击"标注"选项卡"注释"面板中的"自动气泡"按钮，弹出"自动气泡"对话框，如图 12-52 所示，对话框中部分项的含义如下所述。

（1）视图：选择要创建气泡的视图。支持一次指定多个视图。

（2）布局：软件提供了 3 种布局样式，包括忽略多实例、多实例多引线和一实例一引线。

（3）排列类型：设置气泡的排列类型，包括凸包、矩形和圆形。

（4）引线附件：设置引线所处位置是边或面。

（5）偏移：排列类型距离视图的偏移距离，也就是气泡距离视图的距离。

（6）限制方向：使用该选项，可防止气泡标签全部放置于视图的一侧。可选择无、左、上、右和下。

自动气泡操作示例如图 12-53 所示。

图 12-52　"自动气泡"对话框

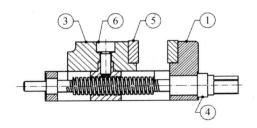

图 12-53　自动气泡操作示例

三、堆叠气泡

使用"堆叠气泡"命令堆叠气泡，可选多个气泡进行堆叠。

单击"标注"选项卡"注释"面板中的"堆叠气泡"按钮，弹出"堆叠气泡"对话框，如图12-54所示，对话框中各项的含义如下所述。

（1）主气泡：选择一个主气泡。

（2）堆叠气泡：选择其他需要被堆叠的气泡。

（3）方式：气泡堆叠的4种方式，可选水平右、水平左、竖直上、竖直下。

（4）自动排序：勾选该复选框，气泡将按照气泡内的数字大小自动进行排序。

堆叠气泡操作示例如图12-55所示。

图12-54　"堆叠气泡"对话框

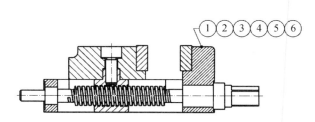

图12-55　堆叠气泡操作示例

四、BOM表

使用命令，从一个布局视图（包括局部视图和剖面视图）中创建一个BOM表。先选择一个视图，然后输入名称。

单击"装配"选项卡"查询"面板中的"BOM表"按钮，弹出"BOM表"对话框，如图12-56所示，对话框中各项的含义如下所述。

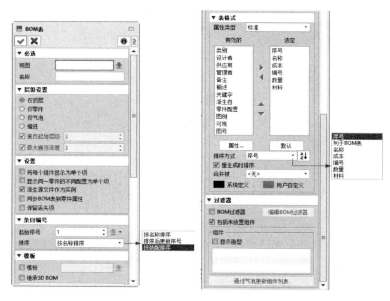

图12-56　"BOM表"对话框

（1）视图：选择与新 BOM 表相关的布局视图。

（2）名称：输入新BOM 表的名称。该名称将出现在"图纸管理"管理器中。

（3）层级设置。

①仅顶层：列举零件和子装配体，但是不列举子装配体零部件。

②仅零件：不列举子装配体。列举子装配体零部件为单独项目。

③仅气泡：仅列举标注气泡的零件和子装配体。

④缩进：列举子装配体。将子装配体零部件缩进在其子装配体下。

⑤遍历起始层级：该选项用于控制从某个装配层级开始罗列BOM 数据，且相同装配层级的同名组件会认为是相同实例。

⑥最大遍历深度：该选项可控制罗列的组件到某个装配层级为止。

（4）设置。

①将每个组件显示为单个项：勾选该复选框，将每个组件都设置气泡。

②显示同一零件的不同配置为单个项：如果零部件有多个配置，零部件只列举在材料明细表的一行中。

③派生源文件作为实例：此项指示派生部件的部件名称是否与源部件分开。默认情况下，选中此选项，源部件及其派生部件将显示为一项。

④同步BOM 表到零件属性：勾选该复选框，自动将 BOM 表同步到零件属性中，不需要再手动更新。

⑤保留丢失项：该选项用于控制装配中的丢失组件是否罗列于BOM 表中。

（5）条目编号。

①起始序号：设置气泡的起始序号。

②排序：在其下拉列表中可供选择的排序有按名称排序、排序后更新序号、按装配排序。

（6）模板。

①模板：勾选该复选框，单击其后的"选择文件"按钮，弹出"选择文件"对话框，指定模板来创建表格。

②继承3D BOM：勾选该复选框，则将继承 3D 环境中创建的 3D BOM 表。

（7）表格式。

①属性类型：选择表的属性。

②"有效的""选定"列表框：根据属性类型不同，"有效的"列表框中显示的内容不同。选中要添加到"选定"列表框的项，单击"添加"按钮▶，即可添加到"选定"列表框中；同理，选中"选定"列表框的项，单击"移除"按钮◀，可将该项从"选定"列表框中移除，重新放回到"有效的"列表框中。

③上移/下移：单击"上移"按钮▲/"下移"按钮▼，可调整"选定"列表框中各项的位置。

④属性：单击该按钮，弹出"表格属性"对话框，如图12-57 所示。该对话框用于设置BOM 表的属性。

BOM 表创建操作示例如图 12-58 所示。

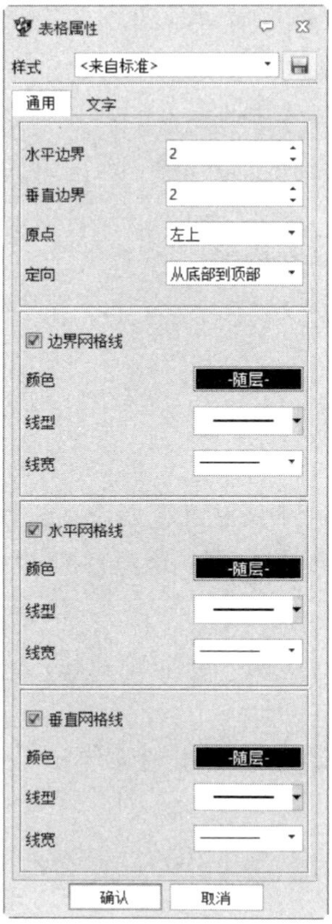

图 12-57　"表格属性"对话框

6	螺 钉	1	Q235 A	
5	护 板	2	45 钢	
4	螺 杆	1	45 钢	
3	活 动 钳 口	1	HT200	
2	滑 动 块	1	Q235 A	
1	机 座	1	HT200	
序 号	名 称	数量	材 料	备 注

12-58　BOM 表创建操作示例

案例——创建万向节装配工程图气泡和BOM表

本案例创建万向节装配工程图气泡和BOM表，万向节 BOM 表如图 12-59 所示。

7	摇 杆 头	1	35 钢	
6	摇 杆	1	45 钢	
5	插 销	4	45 钢	
4	万向节_从动节	1	45 钢	
3	转 子	1	45 钢	
2	万向节_主动节	1	45 钢	
1	主 架	1	HT200	
序 号	名 称	数量	材 料	备 注

图 12-59　万向节 BOM 表

（1）打开"万向节-装配.Z3DRW"源文件，如图 12-60 所示。

（2）自动标注序号。单击"标注"选项卡"注释"面板中的"自动气泡"按钮 ，弹出"自动气泡"对话框，选择主视图，文字选择"标准"和"序号"，布局选择"忽略多实例" ，排列类型选择"矩形"，引线附件选择"面"，偏移设置为10mm，限制方向选择无，气泡类型选择"圆形"和"水平折弯"，将箭头类型设置为"实心点" ，大小设置为2.5mm，尺寸类型设置为"自定义大小"，折弯长度设置为4mm，大小设置为13mm。单击"文字"选项卡，将文字高度设置为6mm，单击"确定"按钮✔，结果如图12-61所示。

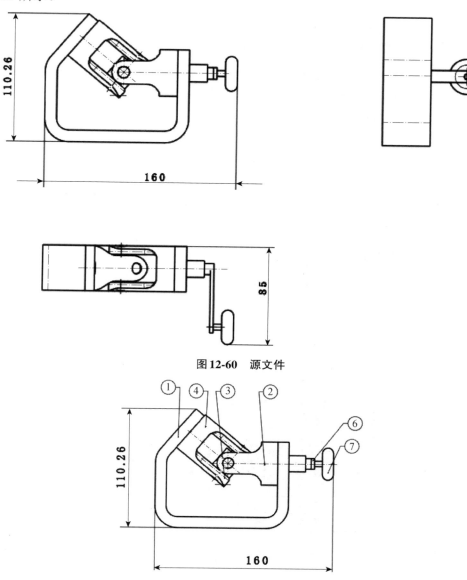

图12-60　源文件

图12-61　自动标注序号

（3）手动标注序号。单击"标注"选项卡"注释"面板中的"气泡"按钮，弹出"气泡"对话框，选择主视图中的插销，填写序号为5，气泡类型选择"圆形"和"水平折弯"，将箭头类型设置为"实心点"——●，大小设置为2.5mm，尺寸类型设置为"自定义大小"，折弯长度设置为4mm，大小设置为13mm。单击"文字"选项卡，将文字高度设置为6mm，结果如图12-62所示。

（4）调整序号位置。拖动序号1，将其移到右侧；拖动序号6，将其与序号5对齐，如图12-63所示。

（5）创建万向节BOM表。单击"装配"选项卡"查询"面板中的"BOM表"按钮，弹出"BOM表"对话框，选择主视图，名称设置为1，层级设置选择"仅顶层"，起始序号设置为1，排序选择"排序后更新序号"，设置"选定"列表框中的项有序号、名称、材料、数量和备注。单击"属性"按钮，弹出"表格属性"对话框，单击"文字"选项卡，设置字体高度为4.5mm，单击"确定"按钮，系统弹出"插入表"对话框，选择原点为"左下"，捕捉标题栏的左上角，调整万向节BOM表的大小，结果如图12-64所示。

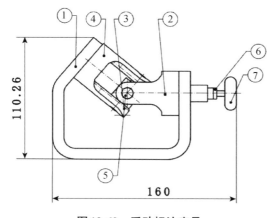

图12-62　手动标注序号

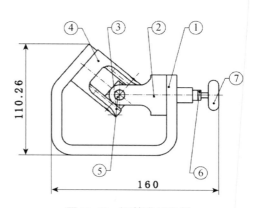

图12-63　调整序号位置

7	摇杆头	1	35钢	
6	摇杆	1	45钢	
5	插销	4	45钢	
4	万向节_从动节	1	45钢	
3	转子	1	45钢	
2	万向节_主动节	1	45钢	
1	主架	1	HT200	
序号	名称	数量	材料	备注

图12-64　创建万向节BOM表

项 目 实 战

实战　阶梯轴工程图

本实战的内容为创建如图12-65所示的阶梯轴工程图。

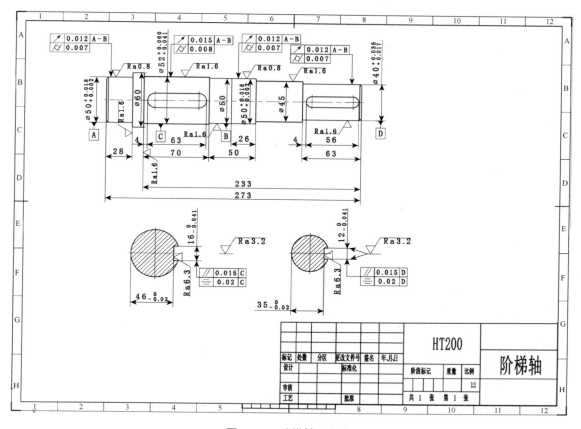

图12-65 阶梯轴工程图

【操作步骤】

（1）打开"阶梯轴.Z3PRT"源文件。

（2）单击DA工具栏中的"2D工程图"按钮 ，弹出"选择模板"对话框，选择"A2_H（GB_chs）"模板，如图12-66所示。

（3）创建主视图。单击"确认"按钮，进入工程图界面。弹出"标准"对话框，选择视图为前视图，在"通用"选项卡中取消"显示消隐线"按钮的选择，设置缩放类型为"使用自定义缩放比例"，比例值为1:1，创建主视图。

（4）创建投影视图。弹出"投影"对话框，在适当位置单击，创建左视图，如图12-67所示。

（5）修改图纸颜色。在"图纸管理"管理器中右击"图纸1"名称，在弹出的快捷菜单中选择"属性"命令，如图12-68所示。弹出"图纸属性"对话框，单击"显示纸张颜色"后的按钮 ，弹出"标准"对话框，如图12-69所示。将图纸颜色设置为白色。单击"确定"按钮，图纸颜色设置完成。

（6）关闭图纸栅格。单击DA工具栏中的"栅格管"按钮 ，关闭图纸栅格显示。

（7）创建3D裁剪视图1。单击"布局"选项卡"视图"面板中的"3D裁剪"按钮 ，弹出"3D裁剪"对话框，单击"通过切割面显示截面"按钮 ，选择左视图，单击"预览"按钮，打开"预览"窗口，调整切割面位置，设置中心点坐标为（60,0,0），设置两切割面之间的距离为-20 mm，如图12-70所示。单击"确定"按钮 ，结果如图12-71所示。

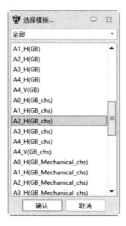

图 12-66　选择模板

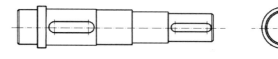

图 12-67　主视图和左视图

图 12-68　选择"属性"命令

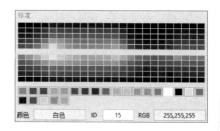

图 12-69　"标准"对话框

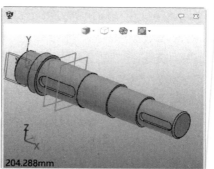

图 12-70　设置 3D 裁剪参数

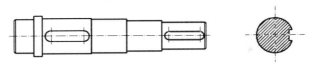

图12-71　3D裁剪视图

（8）取消对齐。选中左视图，右击，在弹出的快捷菜单中取消勾选"对齐"命令，如图12-72所示。

（9）移动视图。拖动左视图的黄色边框，移动左视图至主视图下方，如图12-73所示。

（10）再次创建左视图。单击"布局"选项卡"视图"面板中的"投影"按钮，弹出"投影"对话框，选择主视图将其进行投影。

（11）创建3D裁剪视图2。单击"布局"选项卡"视图"面板中的"3D裁剪"按钮，弹出"3D裁剪"对话框，单击"通过切割面显示截面"按钮，选择左视图，单击"预览"按钮，打开"预览"窗口，调整切割面位置，将中心点坐标设置为（220,0,0），设置两切割面之间的距离为-20 mm，单击"确定"按钮，移动位置后结果如图12-74所示。

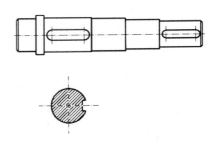

图12-72　取消对齐　　　　　　　　　　　图12-73　移动视图

（12）创建偏移线。单击"绘图"选项卡"曲线"面板中的"偏移"按钮，弹出"偏移"对话框，选中如图12-75所示的线，向左偏移26mm。

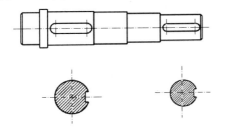

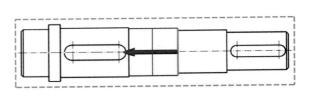

图12-74　3D裁剪视图2　　　　　　　　图12-75　选择偏移直线

（13）标注样式设置。单击"工具"选项卡"属性"面板中的"标注"按钮，弹出"样式管理器"对话框，文本位置选择"线上"，将公差精度设置为X.XXX，公差零显示类型选择第三种。单击"线/箭头"选项卡，将箭头大小设置为5mm。单击"文字"选项卡，设置字体高度为6mm。单击"应用"按钮，再单击"确定"按钮，关闭对话框。

（14）标注尺寸。单击"标注"选项卡"标注"面板中的"标注"按钮，弹出"标注"对话框，标注视图中的尺寸，如图12-76所示。

（15）标注公差。双击最左端的尺寸 $\phi 50$，弹出"修改标注"对话框，将单位公差设置为"不等公差"，将线性公差上限设置为0.018，线性公差下限设置为+0.002，如图12-77所示。使用同样的方法，修改所有公差标注，结果如图12-78所示。

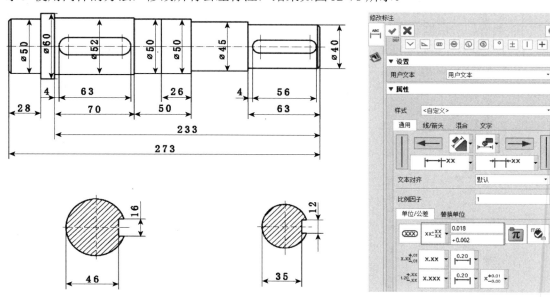

图12-76 标注尺寸   图12-77 设置公差值

（16）标注基准特征符号。单击"标注"选项卡"注释"面板中的"基准特征"按钮，系统弹出"基准特征"对话框，基准标签输入框中输入"A"，在绘图区选择最右端的尺寸 $\phi 50^{+0.018}_{+0.002}$ 下侧的尺寸界线，选择基准样式为"水平"，比例因子为1，显示类型为"正方向"和"填充三角（60°）"，定位符号大小设置为5mm，如图12-79所示。在"文字"选项卡中设置文字高度为6mm，拖动基准特征符号，在适当位置单击放置，结果如图12-80所示。

（17）标注其他基准特征符号。使用同样的方法，标注其他基准特征符号，结果如图12-81所示。

（18）标注形位公差。单击"标注"选项卡"注释"面板中的"形位公差"按钮，弹出"形位公差符号编辑器"对话框和"形位公差"对话框，在"形位公差符号编辑器"对话框中设置公差参数，如图12-82所示。单击"确认"按钮，进入"形位公差"对话框，在"通用"选项卡中显示样式选择"垂直"，比例因子为1，角度为0，勾选"单元格对齐"复选框，箭头大小均设置为5mm，如图12-83所示。单击"文字"选项卡，将文字高度设置为5mm，然后选择最右端圆柱段，在适当位置单击，拖动鼠标，在适当位置再次单击，然后单击鼠标中键，单击"确定"按钮 ✓，标注形位公差结果如图12-84所示。

（19）标注其他形位公差。使用同样的方法，标注其他形位公差，结果如图12-85所示。

（20）标注表面粗糙度。单击"标注"选项卡"注释"面板中的"表面粗糙度"按钮 ✓，弹出"表面粗糙度"对话框，符号类型选择"去除材料"，输入粗糙度数值为"Ra0.8"，如图12-86所示。在"属性"选项卡中设置文字高度为5mm，在第一段轴和第四段轴标注公差的部分标注粗糙度如图12-87所示。使用同样的方法，修改定向角度，标注其他粗糙度，如图12-88所示。

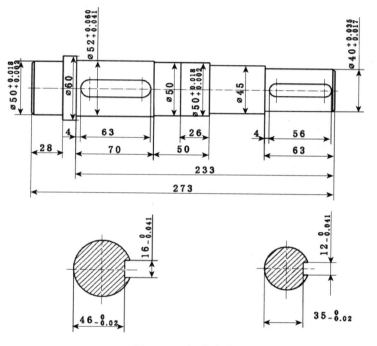

图 12-78　标注公差

图 12-79　设置基准特征参数

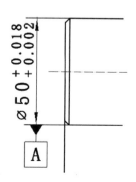

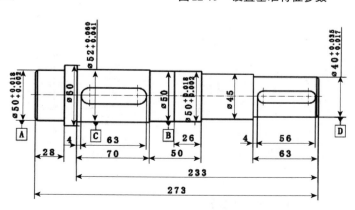

图 12-80　标注基准特征符号

图 12-81　标注其他基准特征符号

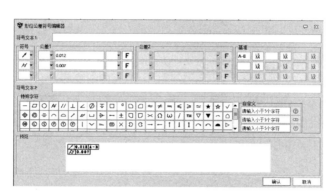

图 12-82　"形位公差符号编辑器"对话框

图 12-83　"形位公差"对话框

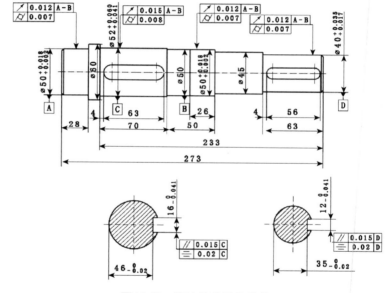

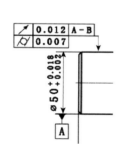

图 12-84　标准形位公差

图 12-85　标注其他形位公差

图 12-86　设置粗糙度

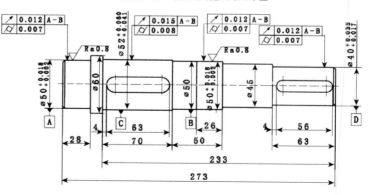

图 12-87　标注粗糙度

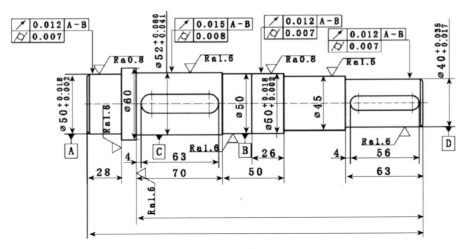

图12-88　标注其他粗糙度

（21）标注注释引线。单击"标注"选项卡"注释"面板中的"注释"按钮 🖉，弹出"注释"对话框，在"通用"选项卡中设置显示为"线上水平折弯" 𝄜，设置箭头大小为6mm，折弯长度设置为15mm，在3D裁剪视图水平中心线的延长线位置单击，然后在"引线插入点"框中单击，分别在键槽宽度尺寸的两尺寸界线处单击，然后单击鼠标中键两次。单击"确定"按钮 ✅，结果如图12-89所示。

（22）标注3D裁剪视图1的粗糙度。单击"标注"选项卡"注释"面板中的"表面粗糙度"按钮 ⊿，系统弹出"表面粗糙度"对话框，设置粗糙度数值，将粗糙度放置在注释引线的折弯位置，如图12-90所示。同样的方法，标注3D裁剪视图2的粗糙度。

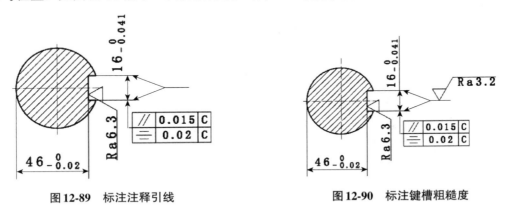

图12-89　标注注释引线　　　　　　　　　　图12-90　标注键槽粗糙度

（23）修改标题栏。在"图纸管理"管理器中用鼠标右击"标题栏"，在弹出的快捷菜单中选择"编辑"命令，如图12-91所示。双击图纸名称，修改字体高度为10mm，如图12-92所示。使用同样的方法，修改材料字体高度为8mm，修改完成单击"退出"按钮 ⤴，工程图绘制完成。

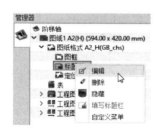

图12-91　选择"编辑"命令

图12-92　修改字体高度

参考文献

［1］钟日铭. 中望 3D 2024 产品设计实用教程［M］. 北京：人民邮电出版社，2022.

［2］郝勇，施阳和. SOLIDWORKS 2020 中文版实用教程［M］. 北京：人民邮电出版社，2021.

［3］CAD/CAM/CAE 技术联盟. CAXA CAD 电子图板从入门到精通［M］. 北京：清华大学出版社，2021.